地震台站综合防雷系统设计与实施

赵　刚　黄锡定　宋秀青　等　编著

地震出版社

图书在版编目（CIP）数据

地震台站综合防雷系统设计与实施／赵刚等编著. —北京：地震出版社，2020.11
ISBN 978-7-5028-5218-4

Ⅰ.①地… Ⅱ.①赵… Ⅲ.①地震台站—防雷—系统设计 Ⅳ.①P427.32

中国版本图书馆 CIP 数据核字（2020）第 216355 号

地震版 XM4220/P（6005）

地震台站综合防雷系统设计与实施

赵　刚　黄锡定　宋秀青　等　编著
责任编辑：王　伟
责任校对：凌　樱

出版发行：地震出版社
　　　　　北京市海淀区民族大学南路 9 号　　　　邮编：100081
　　　　　发行部：68423031　68467993　　　　传真：88421706
　　　　　门市部：68467991　　　　　　　　　传真：68467991
　　　　　总编室：68462709　68423029　　　　传真：68455221
　　　　　专业部：68721991
　　　　　http：//seismologicalpress.com
　　　　　E-mail：68721991@sina.com
经销：全国各地新华书店
印刷：河北文盛印刷有限公司

版（印）次：2020 年 11 月第一版　2020 年 11 月第一次印刷
开本：787×1092　1/16
字数：410 千字
印张：16
书号：ISBN 978-7-5028-5218-4
定价：80.00 元

前　言

　　自然灾害中，雷电引起的灾害算得上最为严重的一种。除本身具有巨大的破坏性外，还因为雷电发生频度高，且年年重复发生。长期以来，雷电一直给人类及地球上的文明带来灾难性的打击。雷电灾害已被联合国有关部门列为最严重的十种自然灾害之一，雷电灾害造成的经济损失和人员伤亡事故呈现出发生频次多、范围广、危害严重、社会影响大的特点。当人类社会进入电子信息时代后，雷电灾害出现的特点与以往有极大的不同，可以概括为：受灾面大大扩大，从二维空间入侵变为三维空间入侵，造成的经济损失和危害程度大大增加。产生上述特点的根本原因，是雷电灾害的主要对象已集中在微电子器件设备上。

　　我国是多雷的国家，大部分地震台站地处野外，普遍存在雷电灾害的风险。随着现代科学技术的飞速发展，我国地震台站进行了大规模的数字化技术改造和建设，地震系统中广泛应用了数字技术、信息网络技术，自动化程度日益提高。由于感应雷电及雷电电磁脉冲的入侵很容易损坏相应的电子器件、电气设施，导致雷击对地震观测系统的危害明显增加。

　　配电、通信、系统集成、防雷与接地等综合技术是地震台站公共观测环境必不可少的工作平台，它直接关系到地震监测台网的正常运行，是地震台站能否产出连续、稳定、可靠的数据资料的关键环节。"九五"期间，科技部支持的科技攻关项目中曾对台站供电、通信、系统集成、避雷、接地技术进行分析研究，取得了一些成果，在台站应用中收到一定效果。但随着地震台网建设的发展，地震台站观测系统在配电、通信的布线及防雷与接地技术中存在的问题逐渐暴露出来，以至于影响到台网的正常运行。中国地震局监测预报司组织有关专家根据科学技术的进步、国家和相关行业制定的有关标准和规定，结合我国地震台站公共观测环境的实际，制定了《地震台站观测系统布线及防雷技术要求（试行）》下发试行，并在全国部分省（区、市）地震台站开展综合防雷的试点、示范、推广改造，取得了明显的防雷害效果。为规范地震台站综合防雷的基本要求和方法，在总结台站综合防雷改造的实践基础上，广泛征求了台站一线监测人员和地震系统内外有关专家的意见建议，研究制定了《地震台站综合防雷》（DB/T 68—2017）标准。为了配合防雷的相关标准、规范和技术要求的贯彻执行，做好地震台站综合防雷工作，有关部门每年都举办相应的培训班，通过对其内容要点、技术内涵和解释说明的宣讲，对学习、掌握、执行这些标准、规范和技术要求起了很重要的推动作用。

防雷是一个很复杂的问题，不可能依靠一、二种先进的防雷设备和防雷措施就能完全消除雷击过电流和感应过电压的影响，从而解决雷电造成的灾害问题。因此，希望总结这些年地震台站综合防雷改造工作的实践经验，用于指导今后的防雷工作。本书通过在深入调研地震台站的实际状况、整理分析已实施综合防雷的成功经验，针对雷害入侵途径，对各种可能产生雷击的因素采用综合防治——接闪、分流、屏蔽、隔离、等电位连接、合理布线、电压限制和共用接地等措施进行综合防护，将雷害减少到最低限度。书中进一步明确综合防雷改造的思路，在认真调查当地的地理、地质、气候、环境等条件和雷电活动规律以及台站实际布局的基础上，从区域综合防雷考虑，以防感应雷为主兼顾防直击雷；完善交流配电的防雷级数；针对具体信号和接口，对通信线路和传感器连接线路采取相应的防雷措施；从尽快泄放雷电流，减少雷害，降低地网（接地体、地线）接地电阻等要求出发进行供电防雷接地系统设计；重视接地布局和各种线路的布线及其工艺，以减少雷击电磁场和地反击造成的雷害；引入雷电预警装置和措施、加强防雷装置的维护与管理。同时，列举了不同类型台站的综合防雷实施方案，详细介绍台站现状调研、雷害隐患分析、防雷关键环节设计、技术措施选用、材料性能和施工方法工艺的选取等等供实际应用参考。

本书的出版得到了各方面的大力支持。《地震台站观测系统布线及防雷技术要求》和《地震台站综合防雷》（DB/T 68—2017）起草组的专家对本书的形成贡献了他们的智慧；中国地震局各学科管理组的专家和各省（区、市）地震局的同仁给了大量的建议；中国地震局监测预报司以及地壳应力研究所和上海市地震局的领导对本书的编写给予了大力支持和指导；地震出版社的编辑人员为本书的出版付出了大量的心血和劳动。在此，对所有支持和帮助本书出版的人员表示诚挚的谢意。本书各章节作者分别为：第一章：赵刚、黄锡定、肖武军；

第二章：宋秀青、朱元清、贾鸿飞；第三章：胡斌、邓卫平、谭俊义；第四章：孙海元、李江、陈敏；第五章：黄锡定、赵刚、肖武军；第六章：陈敏、黄锡定、石岩；第七章：赵楠、肖武军、赵建和；第八章：肖武军、谭俊义、孙海元；第九章：李江、陈敏、孙海元；第十章：贾鸿飞、陈敏、谭俊义、王建国、石岩；第十一章：邓卫平、陈敏、李江；全文统稿、编辑和校核：宋秀青、贾鸿飞。

由于对地震台站的防雷改造工作总结还不够深入，加之水平和时间有限，书中有些内容还有待进一步深化，瑕疵和疏漏在所难免，恳请读者予以指正并提出宝贵意见，以便我们继续努力，不断完善，从而更好地为防震减灾事业服务。

目　　录

1 地震台站综合观测公用技术概述

自邢台地震以来，经过几十年的不懈努力，先后经历了从无到有、从单一到综合、从分散到统一的过程，在我国大陆地区建立了涵盖测震、地震前兆观测和地球物理、地球化学等多种观测手段几千个观测站点，取得丰富的观测数据，为经济建设、国防科技和减轻地震灾害发挥了重要作用。

地震台站是开展地震观测和地震科学研究的专业场所，本书从地震台站综合防雷的角度出发，重点介绍有关台站的直击雷防护、配电系统的防护、信号线路的防护、屏蔽措施和布线的防护、接地与等电位连接、雷电预警，以及防雷装置的维护与管理等方面内容，目的是使台站一线人员更好地理解地震台站综合防雷系统的有关知识。

1.1 地震台站综合观测公用技术现状

1.1.1 地震台站监测技术系统概况

地震台站是地震监测的基础，它是集观测、采集、传输、服务为一体，实现地震观测数据的产出与服务，可分为综合台、测震站、形变站、流体站、地电站、地磁站等。

在长期的地震监测工作中，我国地震观测技术取得重大进展，台站广泛使用了数字技术和信息网络技术，已基本实现对地震动、重力场、地倾斜、地应变、地磁场、地电阻率、地电场、地下水物理与化学量等信息长期稳定的动态监测。

测震观测的仪器设备可分为：甚宽频带观测系统（观测频带 120s~50Hz）、超宽频带观测系统（观测频带 360s~50Hz）、宽频带观测系统（60s~50Hz）、井下短周期观测系统（2s~50Hz），实现了实时 IP 数据传输。

重力台站观测和地形变观测的仪器设备可分为：地倾斜观测，包括 SQ 系列水平摆倾斜仪、FSQ 型水管倾斜仪等；地应变观测，包括洞体应变伸缩仪、体积式钻孔应变仪、分量式钻孔应变仪等；重力台站观测的仪器设备：分钟采样的 GS15 型重力仪、DZW 型重力仪，秒采样的 PET 型重力仪。

电磁观测的仪器设备可分为：FHD 系列质子矢量磁力仪，连续记录地磁场总强度、水平强度和磁偏角的时间变化；GM 系列磁通门磁力仪，连续记录地磁 D、H、Z 分量变化；地电阻率观测绝大多数采用 ZD8BI 型和 ZD8B 型数字化地电阻率仪，地电场观测均为数字化地电场仪，主要型号为 ZD9A 型和 ZD9A-Ⅱ型。

地下流体观测的仪器设备可分为：物理测项有水位、水温、流量井压（含油气压）孔隙压力、地温、水电流等；化学测项有水氡、气氡、土壤氡、水汞、气汞、土壤汞、断层气二氧化碳及水中溶解气氢、氦、二氧化碳、气体总量、离子、甲烷等。数字化水位仪，以LN系列水位仪为主。水温观测，以SZW系列数字式温度计为主。数字化氡观测，以SD-3A测氡仪为主。数字化汞观测，以RG-BQZ和DFG-B仪器为主。

地震台综合观测公用技术，主要包括台站供电技术、防雷与接地技术、数据信息的采集技术、通信传输技术、监控技术、抗环境干扰技术、软件技术等方面的内容。它是地震监测仪器必不可少的工作平台，它直接关系到地震监测台网的正常运行，能否产出连续、稳定、可靠的数据资料的关键环节。

1.1.2 地震台站防雷系统概况

我国大多数地震台站地处野外，普遍存在雷电灾害的风险，地震观测系统屡屡因雷击损坏而中断观测，严重影响数字化台站的正常运行和资料数据的连续产出。

1. 缺乏区域综合防雷意识

地震台站在防雷系统设计时，未充分考虑台站实际的地理、地质、气候、环境等条件和雷电活动规律以及台站现场情况，缺乏全面规划，台站防雷设施未充分发挥其防护效果。处于多雷区、强雷区以及金属矿床区、湖沼低洼区、高耸突出山脊等特殊地理位置的地震台站，未加强雷电防范能力。

不少台站未认识到地震台站雷电防护系统是一个综合的系统，对区域防雷、电源进线防雷、通信传输线防雷、传感器引线防雷、接地及地电位连接、观测系统布线等方面内容的相互关系认识不到位，对避雷器的使用比较盲目。

2. 台站配电线路防护不够完善

台站地震监测仪器要求一年365天，一天24小时不间断的连续、稳定、可靠供电。地震台网因供电、雷击系统故障引起的中断记录时间占总中断记录时间的30%～50%。

台站供电存在诸多问题。首先是低压交流电比较多是架空明线未经埋地处理进入台站，容易感应雷害，损毁仪器设备；其次，低压交流电防护级数不够，地震台站应至少具备三级电源防雷系统，许多台站只做了一级或两级，导致部分台站存在未能充分降低分散雷电波的过电压和过电流而造成观测系统的安全隐患；另外，配电系统接地问题比较混乱，接地母排设置不合理，接地连接线不符合要求，造成感应雷电流泄放不畅通，引起地反击。

3. 地震观测仪器缺乏有效的防雷击的保护措施

地震观测仪器对精度、频带、量程、噪声、抗干扰能力等都有较苛刻的技术要求，对防雷技术要求高。

地震台站以往对仪器设备信号线路的防护措施不足，地震监测仪器基本上没有使用专用防护装置。"九五""十五"期间防雷的重点放在供电系统，实施以后雷击从供电系统入侵情况有所降低，但台站雷电损坏仪器设备仍频繁发生，从雷电损坏的仪器设备维修中，发现感应雷屡屡从信号线路入侵造成仪器设备的损毁。

4. 接地防护与等电位连接不规范

接地是防雷技术最重要的环节之一，无论直击雷、感应雷或其他形式的雷，其防雷系统的最终目的是将雷电流通过接地泄入大地，所以合理良好的接地是可靠防雷的保证。

接地不好，所有采取的防雷措施的防雷效果就不能发挥出来。以往，一些台站表面上都采取了接地措施，但由于接地不符合要求，等电位连接不规范，地网布局、地线及连接工艺存在问题，实际上几乎不起作用，未能达到尽快泄放雷电流，减少雷害的目的。

5. 屏蔽措施和布线容易被忽视

地震台站连接线路过去有一部分使用了屏蔽电缆，对防范雷害起了一定作用，但是仍有不少地方未使用屏蔽电缆或光缆，而且屏蔽层接地连接也存在一定问题，造成防范雷害失当，仪器设备受损。

地震监测仪器为特殊的专用设备，地震监测仪器与其传感器的线路繁多复杂（如供电线、信号测量线、标定线、通信线等等）。之前，许多台站强弱电没有严格分开，部分信号线过长，环绕交叉多，线路布设十分不规范，遭遇强电磁辐射时，局部经常发生因强的电磁感应辐射而损坏地震仪器的情况。造成原因很多，其中主要原因是台站缺乏综合布线规范化、标准化的意识和必要的设计。

6. 防雷装置得不到有效的维护

大多数地震台站只是在新建台站时或新上观测手段仪器设备时才考虑防雷，安装必要的防雷装置，几乎是一次性的一劳永逸，要到下一次防雷更新或台站改造才有可能增添防雷设施。

防雷设施长期无人管理、年久失修、老化失效而遭受雷害损毁地震监测仪器设备。

1.2 雷电对地震监测技术系统的危害

1.2.1 雷电自然灾害情况

雷电是一种极具破坏力的自然现象，雷电的产生是目前人类无法控制和阻止的，在地球上每年几乎发生数百万次的闪电。

雷电灾害可以算得上是影响人类活动的最为严重灾害之一，被称为"电子时代的一大公害"。雷电灾害具有发生频次多、危害严重、范围广、年年重复，由于其强大电流、炙热高温、猛烈冲击波及强烈电磁辐射等，能够在瞬间产生巨大的破坏作用。

我国是雷电灾害多发的国家之一，几乎每年都会发生严重的雷电灾害，损坏建筑物、供电系统、仪器设备，还会引起森林火灾，甚至会造成炼油厂、油田等爆炸，给人类社会经济活动带来不可挽回的损失，经常引起社会的震动和关注。

2004年发生的"6·26"临海特大雷击伤亡事件，死亡17人、受伤13人。

2007年5月23日，重庆市开县兴业小学遭遇雷电袭击，造成7人死亡、44人受伤。

1989年8月12日，黄岛油库遭受雷击，发生了特大火灾爆炸，造成19人死亡、100多人受伤。

1.2.2　地震台站监测技术系统受雷电危害现状

为了避开城市噪声的干扰，地震台站大多地处偏僻的野外，非常容易受到雷电危害。

经过中国地震局"九五"地震台站数字化改造项目、"十五"地震台站网络化改造项目，大部分模拟记录的地震台站都已经完成了数字化和网络化改造，地震台站监测工作进入到了数字化时代。

地震观测系统的自动化装备越来越先进，地震设备的精密集成度日益提高，雷灾已主要集中在广泛使用的微电子器件的地震观测系统上，许多地震台站近年来也多次发生了雷击造成仪器损坏及影响监测数据的现象。

"十五"建设时，部分台站地震观测仪器还在试运行期间，就发生受雷击严重损坏的现象，部分台站不得不中断观测。

通过对 2007~2009 年地震台站观测仪器受雷击损坏情况的调查，总结了 27 个单位 371 个台站的雷击受损情况。在 3 个完整的雷雨季节期间，371 个台站因雷击设备损坏的总次数达 911 次，其中湖北、江苏、辽宁、河北、山东、福建等地震台站遭受雷击设备损坏的情况严重。

从图 1-2-1 部分台站受雷击次数统计中可以看出，在 2007~2009 年期间，因受雷击仪器设备损坏在 10~20 次的有 9 个台站，总次数达到了 113 次；因受雷击仪器设备损坏在 5~9 次的有 40 个台站，总次数达到了 226 次；因受雷击仪器设备损坏在 4 次的有 28 个台站，总次数达到了 112 次。

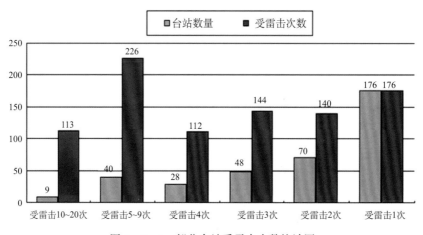

图 1-2-1　部分台站受雷击次数统计图

根据地震台站调研情况来看，许多台站时常出现因雷电造成仪器损坏事故，抗雷击能力十分脆弱，一些台站甚至"只要有雷响，仪器设备就损坏"，很多台站连续多年屡遭雷击，严重影响了台站的正常观测。

1.2.3　雷电入侵地震台站观测系统的分析

通常给地震台站造成破坏的雷害多为感应雷，其入侵途径主要有以下几种：

1. 入侵交流电源供电线路

许多雷击灾害主要由于交流供电遭雷击或电荷脉冲感应雷击。

电源被雷击或感应雷击时会产生很大的电性脉冲，台站电源由观测室外架空线路引入观测室内，架空线路可能会遭受直击雷或感应雷，在电源线路上出现的雷电过电压平均可达10000V，很容易损坏在线的地震仪器设备。

2. 通信线路和信号线路入侵

有线通信及外部使用较大型天线的无线通信链路，受到雷击时会通过这些线路入侵到室内，很容易损坏在线的地震仪器设备，如电话线、网线、现场总线。与有外部电气连接的地震观测设备，其传感器或观测装置与主机之间的信号线路，雷电通过进入观测室的信号线入侵到地震观测设备，对其造成毁灭性打击。

3. 地电位反击电压通过接地体入侵

雷击发生时，强大的雷电流经过接地体泄入大地，如果有连接数字化地震设备的其他接地体靠近时，将会产生高压地电位反击，其电压可能高达数万伏。

1.3　地震观测台站防雷工作概述

1.3.1　部分地震台站防雷试点工作

2008 年，在雷击较为严重的山东马陵山地震台、重庆黔江地震台、重庆地震台进行试点，经过雷雨季节运行表明，防护效果显著。

2009 年，在首都圈地区开展试点，完成了包括天津蓟县台、宝坻台、北京延庆台、河北怀来台、无极台等 5 个综合台，49 个无人值守台试点。

2010 年，从首都圈、东南沿海雷害严重的辽宁、河北、山东、上海、安徽、江苏、江西、湖北、福建、广东等单位的台站中，挑选了受雷击危害严重的 51 个台站进行扩大再试点。

从实际效果来看，这些以往雷击灾害非常严重的台站进行综合防雷系统升级后，绝大多数经过连续几个雷雨季节和多次严重雷电天气考验后安然无恙，与往年比因雷击损坏地震监测仪器的事故减少一个数量级，取得了非常明显的防雷减灾效果。

通过这几年对全国部分地震台站防雷系统的升级，有效减轻雷击灾害对试点地震台站地震仪器设备的影响和伤害，提高地震仪器设备的运行率和数据完整率，保证了监测台网的稳定。

2013 年 12 月 23 日，中国地震局领导专门对此项工作进行批示，"台站防雷改造很重要，是确保台站正常工作的一项关键性工作。近年来防雷改造试点工作取得了良好的效果，并及时总结经验，持续支持改造工作，逐步使台站防雷技术上一个新台阶。"

1.3.2　地震台站防雷主要环节

通过对交流配电系统、通信信号线路、接地与等电位连接、观测系统布线等方面进行防护，是实现地震台站防雷的主要环节。

1. 台站配电线路

许多雷击灾害主要来源于交流配电线路遭雷击或感应雷击脉冲，很容易损坏在线的地震仪器设备，因此电源防雷是整个防雷技术的主要部分。

针对这种雷击灾害，可采取在用电设备端并联多级放电通道，达到逐级降低电磁脉冲强度，也就是说逐级降低放电残压与放电电流，使到达用电设备的电压与电流不超过用电设备能最大承受的范围，保障用电设备不被损坏或在雷击发生过程中用电设备能正常工作。

2. 台站通信及信号线路

通信线路的防雷针对有线通信及外部使用较大型天线的无线通信链路，在设备端配置避雷设备。

许多地震台站对仪器设备的信号线路感应雷防护措施不足，地震观测仪器基本没有采取专用防护措施，针对地震观测设备的专用防雷设备的特点，安装符合地震设备的专用防雷模块。

3. 接地与等电位连接

接地是避雷技术最重要的环节，合理而良好的接地装置是可靠防雷的保证，如果地震台站的接地装置处理不好，会极大影响地震台站防雷效果。

针对地震台站的地网布局、地线及连接工艺问题，地震台站地网从尽快泄放雷电流，减少雷害出发，开展测震摆房、形变山洞、钻孔观测井、地磁房、地电室等的接地与等电位连接的设计实施。

4. 地震仪器的观测线路布设

在一般情况下，我国台站地震观测系统由所有观测手段的仪器设备连接构成，都是24小时连续加电运行的。地震台站观测线路布线不仅保障台站观测数据交换、数据传输的畅通，也应保障台站观测仪器各种连线的安全，因强电磁感应信号在线间耦合引入干扰或次生感应雷电影响，确保观测仪器运行安全可靠。

1.3.3　地震台站综合防雷系统设计的关键要素

防雷问题是一个很复杂的问题，不能仅依靠一、二种先进的防雷设备和措施就能完全消除雷击过电流和感应过电压的影响，地震台站应进行综合防治——接闪、分流、屏蔽、隔离、等电位连接接地等措施进行综合防护，才能将地震台站雷害减少到最低限度。

地震台站雷电防护系统是一个综合的防护系统，这是开展地震台站防雷设计的关键。

调研清楚目前台站防雷系统的基础资料是开展台站防雷工作的基础。首先，明确台站所处区域的雷暴活动情况，处不同雷电活动区的地震台站，应采取不同的防护措施；其次，调研已有防雷设施的运行情况，如交流配电情况、台站土壤电阻率或地网分布情况、摆房、井房、磁房、山洞等地震观测仪器分布情况；第三，通过调研地震台站以往的雷击损失情况，分析地震台站雷击隐患。

根据地震台站综合防雷技术标准，按照"综合防护、结合实际、差缺补漏"的原则，做好交流配电系统防护设计、通信和信号线路防护设计、接地地网与等电位连接设计、观测系统布线设计。

总之，地震台站在进行建设设计时，应认真调查当地的地质、地理、气候、环境等条件和雷电活动规律并结合台站布局，针对地震台站区域防雷、电源线路防雷、通信线路防雷、传感器线路防雷等方面进行综合规划，规范地震台站综合布线、公共电源和避雷、公共信号以及接地等台站综合防雷系统建设，提升地震台站的综合防雷技术实用水平，保障地震台站稳定运行。

2 雷电及其防范

雷电这一自然现象早在公元前 1000 多年前就为我国祖先们所关注。他们用理性的思维审视雷电，探讨雷电的起因。"阴阳"学说早在先秦时代就用来解释雷电。《尚书洪范》中写道："有云然后又雷……故云雷相托，阴阳之合。"由于古代科学的局限性，古人更多地赋予雷电以神秘色彩，雷公电母的神话故事脍炙人口，由于其破坏力巨大，古人对雷电这种自然现象怀着敬畏之心。随着人类社会的发展和自然科学的进步，古今中外的许多科学家都试着解开雷电的谜题。1752 年 7 月，本杰明富兰克林利用风筝揭示了雷电的奥秘，并发明了现代避雷针，使雷电物理学与防雷技术进入了一个崭新的阶段。

2.1 雷 电 概 述

2.1.1 雷电的形成

雷电产生于积雨云中，一部分带正电荷的云体与另一部分带负电荷的云体之间或不同积雨云云团之间形成了大气电场。当大气电场达到一定强度（一般为 $3000\sim10000\text{V/cm}$）时，发生可以击穿空气迅猛的放电过程，这一放电过程成为云中闪电。根据静电感应原理，带电的云层接近地面或建筑物时，地面（建筑物）与云团带异种电荷。当地面（建筑物）与云团之间电场达到一定强度，可击穿空气产生的放电过程，叫"先导放电"过程。主放电过程在"先导放电"过程结束后出现，伴随着闪电和巨响，由于异种电荷作用，高达上百千伏的雷电流在这一过程中产生。

积雨云是一种由于空气对流运动使水汽饱和凝结而成的云，又叫雷雨云，它在强垂直对流过程中形成。空气吸收太阳辐射热量的能力远小于地面吸收太阳辐射热量的能力，因此在太阳照射下，地面温度升高较多而空气层温度升高较小，这种差异在夏日更为明显。由于热传导和热辐射的作用，接近地面的大气温度升高，气体膨胀，密度减小，气体上升，而上方的空气由于相对密度更大会下沉。由地面上升的热气流在与高空下降的低温气流热交换的同时，上升气团中的水汽凝结成水滴，进而形成了云。在一些强对流过程中，水汽凝结出的水滴进一步凝华，变成冰晶或雪花，这一过程随着高度增加而增多。当上升气流到达对流顶层后，受到水平气流影响而向四周水平方向扩散，形成云砧，而由于对流层顶温度极低，上升气流的水汽在此高度均以冰晶或雪花形式存在，因此云砧看起来白色透光。云砧是积雨云的显著特征，对流较弱的情况下云砧不会出现。这是局地热力作用下形成的雷雨云。大气中更多更强的雷雨云是在大气低对流层的暖湿空气与对流层中上层的干冷空气作相互运动时，大气层结构变得很不稳定，当有中尺度启动机制作用时，暖湿空气被强烈抬升凝结形成积雨云。

积雨云带电原理目前较为完善的有四种假说分别为：碰撞起电假说、温差起电假说、破碎起电假说以及电场极化假说。

1. 碰撞起电假说

感应起电：发展旺盛的积雨云中有大量的降水粒子（包括雨滴、雪花等）和云粒子（包括云滴、冰晶等）。由于垂直向下的大气电场极化作用影响，降水粒子上半部分极化带负电荷，下半部分极化带正电荷。当发生粒子碰撞接触时，产生电荷交换，最终使得降水粒子带负电荷而云离子带正电荷。较大的带负电荷的降水粒子向下运动，而相对较小的带正电荷的云粒子向上运动，进而形成两个电荷中心，即云中上部带正电荷而云中下部带负电荷。这一感应起电学说，可以从定性的角度解释积雨云带电过程，但不能从定量的角度估算电场强度变化关系，这是积雨云带电研究的初始阶段，是在理想状态下的模型。经考虑降水粒子和云粒子种类不同、性质不同等因素后，这一学说成为被公认的积雨云起电机制之一。

2. 温差起电假说

由于冰的热电效应物体受热后，电子会随温度梯度由高温区移动至低温区，产生电流或电荷堆积，这一过程将随着内部电场的产生而达到动态平衡。

温差起电作用是大量的过冷水滴、霰粒、冰晶等粒子在积雨云中随着对流气流相互碰撞、摩擦、局部升温，在热电效应的作用下，各自带上不同种类电荷，并在重力和对流的多方影响下，相互分离积聚，导致积雨云中产生正、负相异的两种电荷分布。

3. 破碎起电

观测表明，在雷暴云的云底部总是集聚着数量很多的大雨滴，当下降的大雨滴聚集得足够大，超过毫米级，将会在上升气流的作用下破碎成无数的小水滴，如果电场是自上而下的，那么大雨滴的上部将破碎成带负电荷的许多小水滴，而下部将破碎成带正电荷的相对较大的水滴。由于重力和空气流动的作用，带负电的小水滴将升至云层的上部而带正电荷的较大水滴将积聚于云层的下部，使得云层上部带负电荷而云层底端附近带正电荷。

若在此模型中考虑电场极化作用，水滴本身就沿电场方向上部带正电荷下部带负电荷，那么上述过程中小水滴和大水滴在破碎后获得的电量就更大了，根据此模型计算出来的积雨云带电总量与实际平均测值相较更为接近。

4. 电场极化假说

众所周知，大气中存在电荷，而大气中电场的方向是由上向下，这使得处于大气电场中的导体均带电荷，这一现象叫作极化。云层同样被大气电场所极化，上端带负电荷下端带正电荷。另外，近地面的大气中还存在有一定带负电荷和正电荷的离子，正离子较重向下运动，而负离子较轻，活动性较大，向上运动；这样的电荷积聚越来越多，当达到足够能量时就会产生雷电现象。云层中的降水粒子受大气电场极化作用产生内部电场，方向自下而上，它们在重力的作用下下落的速度比云粒子要快，因此将和云粒子产生碰撞（碰撞假说）。碰撞使得降雨粒子的体积更大，也使得降雨粒子带负电荷，云粒子带正电荷。由于降雨粒子下降速度快，而云粒子下降速度慢，这两种粒子在重力作用下渐渐分离开，此过程在上升气流的作用下将会更明显，最终使得带正电的云离子聚集在云层上部而带负电的降雨粒子在云层下部或者以降雨或冰雹的形式降落到大地。这样一个上正下负的电场一经形成，将加速大气电场对降雨粒子的极化作用，也使得上述过程发展得更快，云层带电量更大。

上述几种分析最终的结果均是雷云中的电荷分布为上正下负，然而，实际情况并非如此，因为空气气流并不单纯的只上下运动，它的运动形式非常复杂，因此雷云中的电荷分布也比上述要复杂很多。

2.1.2　闪电与打雷

我们抬头仰望天空，天空乌云密布，雷云迅速聚集，带电量增加，霎时一道炫目的亮光划破天空，紧接着传来轰隆的巨响，这就是闪电与打雷的过程，即雷电。雷声归为大气声学中的现象，它是一种声波，由于小范围内的强烈爆炸而产生；闪电则是一种光学现象，是大气中发生火花而产生的。我们从小就知道，闪电与雷声在同时发生，只是由于光速和声速在空气中的传播速度相差太大（光每秒能走 30 万千米，而声音只能走 340m），所以人们总是先看到闪电再听到打雷。根据这一原理，我们可以通过打雷和闪电发生的时间差计算雷电发生位置与我们所处位置的距离。有时人们会发现，在雷电发生过程中只能看到闪电而不能听到雷声，那是因为雷电发生位置与我们相距太远，声音在空气传播中能量有所衰减，到人们所处位置时已经不能被听到了。雷电通常出现在有雷雨云的时刻，但偶尔也会在雷暴、尘暴、火山爆发、地震等时刻发生。人们最常见的闪电形态是线状闪电，偶尔也会见到带状、枝状、串球状、球状、箭状闪电等。这其中，线状闪电对人类危害最大，它可在云内、云间以及云和地面之间发生。让我们意外的是，云与地面的闪电发生率仅占六分之一。

2.1.3　雷电种类

雷电根据发生部位可以分为云闪与地闪两类，云闪发生在云内、云与云之间以及云与天空之间，并不与大地或建筑物直接接触；而地闪则指云与大地或地面物体之间的闪电。云闪对飞行物危害大，而地闪则对建筑物、地面设备以及人类、牲畜危害最大，地闪是雷电防护最主要的部分。

根据雷电形成机理，还可将雷电分为直击雷和感应雷。直击雷是带电积雨云接近地面至一定程度时与地面目标之间的强烈放电。感应雷则可以分成静电感应雷和电磁感应雷两种。静电感应雷是由于架空线路导线或其他突出物顶部受带电积雨云作用而感应出大量电荷，在积雨云放电之后，这些感应电荷失去了束缚，以大电流强电压冲击波的形式，沿导线或顶点突出物传播。雷电放电过程将产生巨大的冲击雷电流，这种电流将在空间产生变化迅速的强磁场，该磁场在附近导体上产生极高的感应电动势，这是电磁感应雷的产生过程。

2.2　雷电的危害

2.2.1　雷暴

从气象学的角度，雷暴是指伴有雷电活动和阵雨的局地风暴，它由强积雨云引起。而从地面观测的角度，雷暴仅指既有雷鸣又有闪电的一种天气现象。雷暴根据数目和强度的不同，可以分为单体雷暴、多单体雷暴以及超单体雷暴三种形式。单体雷暴是指由一个积雨云单体构成的雷暴，其强度弱、范围小、生命周期短；多单体雷暴是指由一串处在不同发展阶段的单体雷暴云组成，每个雷暴云都将经历形成、成熟和消亡三个阶段。超单体雷暴是指强度大、持续时间长，能造成更为强烈的灾害性天气的超级大单体雷暴云。按照大气条件和地形条件，雷暴一般分为热雷暴、锋面雷暴和地形雷暴三种类型。

雷暴日是指该天发生了雷暴的日子，不论发生雷暴的次数和雷暴的持续时间。月雷暴日是指一个月发生雷暴的天数，同理还有季雷暴日和年雷暴日。平均雷暴日是指雷暴日在一定时间内平均的结果，例如平均年雷暴日是指一年中发生雷暴日的次数经过多年平均的结果。平均雷暴日在雷暴统计和雷电防护中常被使用。

中国呈现出的雷暴日分布特点为：南方雷暴多于北方，内陆多于沿海，山区多于平原，春夏多于冬季。一天中的雷暴发生时间，陆地上以午后最多，因为此时地面气温最高，大气层结构最不稳定，而海洋上的雷暴多出现于夜间或清晨。

关于地区雷暴日等级的划分，国家还未制定出统一的标准，相关行业根据行业需要，制定出了适合本行业的标准用以区分少雷区、多雷区或高雷区及强雷区。

我国地震行业标准中雷暴日等级划分如下（《地震台站综合防雷》（DB/T 68—2017））：

多雷区：年平均雷暴日在 41~90 天以内的地区。

强雷区：年平均雷暴日超过 90 天的地区。

2.2.2　雷电危害

雷电因其强大的电流（可到几万至几十万安培）、炙热的高温（上千摄氏度）、猛烈的冲击波以及强烈的电磁辐射等物理效应而能够在瞬间产生巨大的破坏作用，危害人民财产和人身安全。如常常导致人员伤亡，击毁建筑物、供配电系统、通信设备，引起森林火灾，造成计算机信息系统中断，仓储、炼油厂、油田等燃烧甚至爆炸。

2.2.2.1　直击雷危害

直击雷根据其作用效应不同可以分为三种，热效应、冲击波效应和机械效应；感应雷的破坏效应也可以分为三种，电磁效应、静电感应效应以及雷电反击效应。当雷电对大地放电时，强大的雷电流流入到被雷击物体时，产生的温度可达到上千摄氏度，此时产生了雷电的热效应。该效应可将建筑物内的低压供配电线路熔断。

在雷击发生时，直击雷的机械效应通过两种形式产生破坏作用，其一，当雷电流流过导体时形成的电动力，其二，雷电流在人、树木植物、建筑物内部产生的内压力。根据电磁学的相关理论，电流流过导体将产生磁场，而电动力是指当电流流过平行导体，导体间将产生电磁力的相互作用，这种相互作用成为电动力。两平行导体将在电动力的作用下相互排斥远离或吸引靠近。因此，载流导体可能在雷电流的作用下变形甚至折断。

雷电流机械破坏效应的另一个表现形式是在物体内部产生内压力。雷电流的电流强度很大，电压很高，发生时间短暂，雷击时，在受击树木和建筑物内将产生瞬时的大量热量。这些热量在短时间内将使树木或建筑物内部的水分大量蒸发，膨胀变形，以致产生巨大的内压力。这种压力爆炸力极强，能够使受雷击树木或建筑物崩裂、倒塌、损毁。因此，强大的雷击过后，往往会出现电线杆、建筑物、树木击毁，电力线路倒塌等现象。

直击雷的冲击波效应发生在雷云对地放电过程中的回击阶段。在该阶段，放电通道温度瞬间升高，使得空气急速膨胀，并以超声速度向外围扩散，形成强烈的冲击波。与此同时，在放电通道外围附近的冷空气被压缩，使得空气密度、气压和气温都突然增大，产生剧烈震动。这种冲击波效应将对建筑物、人、牲畜造成严重的伤害。虽然冲击波的传播速度大于声速，但其速度衰减很快，使其很快转化为声波。科学研究表明，直击雷的冲击效应强度与回击过程中的雷电流大小相关，而其破坏作用大小则与冲击波薄面气压和大气压力相关。

2.2.2.2　感应雷危害

感应雷电的间接破坏作用可以分为静电感应和电磁感应两种类型。由于这两种类型产生的暂态过电压能够破坏建筑物内部的信息系统和电气设备，甚至可能造成人员伤亡，比上述直击雷产生的破坏作用危害更大，因此在建筑物防雷设计中，更加受到关注。

根据静电感应原理，金属屋顶或架空线路上会存在与其上空带电积雨云层相异的电荷。当先导雷电到达地面时，回击过程发生，金属屋顶或架空线路上静电感应得到的电荷与先导过程中的电荷中和，而未被中和的电荷则对地形成相对高电位，对地放电。如果该电荷不能及时被泄放（没有泄放通道、或泄放通道阻值过大），则会发生击穿放电，危害人的生命安全并损坏电子设备；点燃易燃易爆物体，发生火灾。如果在架空线路上存在未被中和的电荷，则会形成过电压波，在架空导线两侧传播，会对建筑物内的电子、电气设备造成损坏。

雷电流由于其大幅值，能够在流过的导线或导体周围产生很强的脉冲磁场，根据电磁感应原理，这种磁场在与导体交叉的过程中，会产生感应电动势，进而产生过电压和过电流。过电压一般可达到几十万伏特，会击穿电子、电气设备，造成设备的损坏，更有甚者，可能会引起爆炸或火灾，造成人身财产损失。同时，雷击产生的电磁脉冲还是一种干扰，一般通过连接导体作用。

在由电阻和电感串联的电路上，当有电流流过时，根据电路原理，会分别在电感、电阻上产生电压，造成暂态电位升高现象，即该电压会使防雷装置中各部位对地电位均有不同程度的升高。因为雷电流的幅值很大，所以在雷电流流过电气设备、电线杆或架空电线等装置时产生的暂态电位升高可能达到十万伏或百万伏级别，由此产生的与周围金属导体之间的空气击穿现象，被称为雷电反击现象。由于一个雷电反击可能会引发多个导体之间的雷电反击，该现象对人员和设备的安全造成严重的危害。

2.3 现代防雷技术

外部防雷技术和内部防雷技术总称为现代防雷技术。其中，外部防雷技术是指，在建筑物外部实施的防雷措施，外部防雷技术可以在外部拦截雷电，保护人身、财产安全不受雷击破坏。内部防雷在感应雷传输途径上开展防雷措施，保护电子、电气设备系统不受雷击的损害，同时也保护人的生命安全。现代防雷技术措施可以简单归结为七个方面，分别是躲避、等电位连接、钳压、传导、分流、接地以及屏蔽。

（1）在现代防雷工程中，躲避是一种非常经济有效的防雷措施，在建筑规划时首先考虑雷击损害，避开多雷区或开阔地区、水域地区等易落雷的地区，这样做可以从根本上减少雷电灾害，是一种经济实用、提前预防的方法。

（2）从物理学上讲，等电位连接就是用导线将全部金属导体连接起来，保证他们的电位相等。上述介绍的因为电位骤然升高而产生的反击现象，也可以被完善的等电位所消除。反击现象常常发生在微波天线遭受雷击后。

（3）钳压是指将雷击过程产生的高压脉冲电压、电流，通过瞬间平滑滤波举措，使过电压峰值或峰电流得到一定的下降或衰减。

（4）传导是将巨大的闪电能量引导至大地消耗掉。

（5）将由导线传入的过电压波在避雷器处分出引入地下，是分流的作用，即拦截雷电流的入侵通道。分流避雷器不仅可以进行一级拦截，还可以进行多级拦截。

（6）接地措施是防雷步骤中的基础，它是将雷电的能量引入大地进行泄放的过程。接地措施不完善，等电位连接、传导、分流等措施就不能达到预期的效果。因此接地环节是防雷过程中的重点环节，各种规范都对其进行了明确的规定，如何在不同地理位置和地质环境中将接地电阻做到最小，是防雷过程中的难点问题。

（7）用金属网、箔、管等导体把被保护对象包裹起来就是屏蔽过程，它主要拦截雷电的电磁脉冲。

2.3.1 接闪器

用于拦截雷电流的金属导体就是人们说的接闪器。常用的接闪器有避雷针、避雷线、避雷带和避雷网。有时候也用建筑物顶部的大型金属构架作接闪器使用，这些可用作接闪器的非专用的金属导体又成为自然接闪器。根据《中国大百科全书》物理卷对避雷针的定义："将雷电引向自身并泄入大地使被保护物免遭直接雷击的阵型防雷装置"，避雷针实际上用于拦截雷电。在避雷针中，针状接闪器是承受雷击的部分。

2.3.2 等电位连接

当雷击于建筑物的防雷装置时，雷电流在防雷接地装置上会产生暂时的电位抬高，防雷装置中各部位暂态电位的升高可能会形成相对其周围金属物危险的电位差，发生反击，损坏设备。在多数情况下，为了节省室内空间，信息系统各个设备布置往往是相当紧凑的，设备之间难以隔开足够的距离。当一个设备遭到雷电反击时，又有可能向它附近的设备继续反击，使得设备的损坏连锁式反应。均衡电压的等电位连接措施，就是为了避免这种有危害的电位差而设置的。将各个防雷区的金属导体和系统以及一个防雷区内部的金属导体和系统在其界面处连接起来，就是等电位连接。这是一种保护防雷区发生雷电反击的措施。连接装置一般采用金属导体或者电涌保护器。它是防雷保护的基本技术。等电位连接技术，除了保护建筑物及其内部设施设备不受雷电反击的破坏，还能够降低对接地电阻阻值的要求，进而降低施工难度、减少投资。等电位连接技术已为国际上许多国家采用。当然，作为基本防雷措施之一，等电位连接还需要与屏蔽、接地等保护措施配合使用，才能收到好的雷电防护效果。

2.3.3　屏蔽保护

电子技术的飞速发展，大量集成电路微电子设备投入使用。这些设备对电磁干扰非常敏感，使得电磁屏蔽技术尤为重要。发生雷击时，由于雷电流通过各种线路和金属导体，产生的脉冲电磁场会辐射进入建筑物电子信息系统内部，为了保护电子、电气设施不被雷击侵害，需要用金属网、格、板将电子系统保卫起来，屏蔽和拦截电磁脉冲，保护电子信息系统不被雷电损坏，这就是人们常说的屏蔽。屏蔽一般分为电屏蔽、磁屏蔽和电磁屏蔽三种形式。

2.3.4　避雷器

架空电线上直击雷和感应雷产生的过电压波沿线侵入建筑物内会造成设备损坏、房屋破坏和人身伤亡等现象，为了消除这样的灾难，需要在过电压波入侵建筑物之前把它引导入地，避雷器就应用于此。避雷器可以将雷电压限制在一定的范围内，使电子、电气设备不被高电压冲击而击穿。避雷器又叫作电压限制器或过电压保护器。

2.3.5　接地

接地，即将电子、电气设备经导线连接到接地端。在电力系统中，接地部分一般是中性点。而电气装置的接地部分多为不带电的金属导体，如金属外壳等。接地可以保障人身安全，电子、电气设备不受雷击损害，预防电气火灾，防止静电影响。接地一般分为保护性接地和功能性接地。

3　地震台站观测房直击雷防护技术

　　雷电综合防护包括外部和内部雷电防护。外部雷电防护装置由接闪器、引下线和接地装置组成，主要用于防直击雷；内部雷电防护装置由等电位连接系统、共用接地系统、屏蔽系统、合理布线系统、浪涌保护器等组成，主要用于减小和防止雷电流在需防空间内产生的电磁效应。

　　根据地震台站遭受雷电危害的调研情况，仅有少数处于直击雷多发的多雷区、强雷区的台站有直击雷害记录，大部分地震台站遭受的雷害是由感应雷过电压以及雷电电磁脉冲造成的。因此，地震台站在区域综合防雷的思路框架下，本着以防感应雷为主兼顾防直击雷的原则，实施直击雷的防护。

　　本章介绍了直击雷防护的措施，重点强调当采用接闪杆、接闪带作为接闪器防范直击雷时，对接闪杆、接闪带及其引下线、接地装置的具体要求。

3.1　直击雷的危害与防护措施

3.1.1　直击雷概念及其危害

　　直击雷是带电云层（雷云）与建筑物、大地或外部防雷装置以及其他物体之间发生的猛烈放电现象，并伴随产生的电效应、热效应和机械力。直击雷的电压峰值大约在几万伏至几百万伏之间，电流峰值在几万安乃至几十万安，之所以破坏性很强，主要原因是其所蕴藏的能量在极短的时间（持续时间一般只有几微秒到几百微秒）里就释放出来，从瞬间功率来看是巨大的。当建筑物被直击雷击中后，建筑物外部结构被打坏，突出地面或者屋面的天线等金属构件被雷击损坏。此外，直击雷击中建筑物时，对建筑物内外的电源和信号线路产生严重的雷电电磁脉冲干扰，造成雷电感应过电压从而损坏室内外的电子设备。

　　地震台站的观测房因受其观测环境要求所限，一般处于较为偏僻、空旷的区域，周边远离高大建筑物，因此极易受到直击雷的侵袭。为此，在地震台站建设过程中，根据建设场址周边的实际情况，进行必要的防避直击雷的同步设计和建设，对台站建成以后的长期观测及运维意义重大。

3.1.2　直击雷的防护措施

　　目前，防避直击雷危害的方法通常是采用接闪杆、接闪线、接闪带、接闪网或金属物件作为接闪器，将雷电流接收下来，通过金属导体引下线引到埋于大地起散流作用的接地装置而泄散入大地。地震台站防护直击雷常用的方法以安装接闪杆、接闪带为多。

按照国家标准《建筑物防雷设计规范》（GB 50057—2010），地震台站的观测房应归为第二类防雷建筑物，因此，地震台站的直击雷防护设施建设应当按照此规范相关要求进行。

3.2　接闪杆与接闪带

3.2.1　接闪杆保护区域的计算方法

接闪杆是最常见的直击雷防护装置。当雷云放电接近地面时，会使地面电场发生畸变，因此，在接闪杆的顶端形成局部电场强度集中的空间，该空间影响雷电先导放电的发展方向，使雷电向接闪杆放电，再通过引下线和接地装置把雷电流引入大地，从而使被保护物体免遭雷击，达到对突出于某个平面的建筑物进行直击雷的防护。

接闪杆的保护范围通常用滚球法来进行计算。如图 3-2-1 所示。

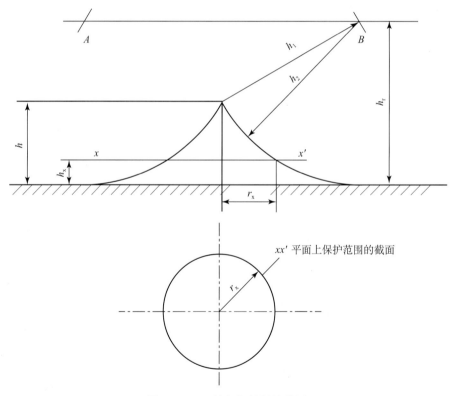

图 3-2-1　接闪杆的保护范围

1. 作图法

当接闪杆高度 h 小于或等于 h_r（二类防雷建筑物 $h_r = 45\text{m}$）时：

（1）距地面 h_r 处先作一平行于地面的平行线。

（2）然后，以针尖为圆心，h_r 为半径，作弧线交于平行线的 A、B 两点。

（3）以 A、B 为圆心，h_r 为半径再作弧线，该弧线与针尖相交并与地面相切。从这弧线起到地面为止就是本接闪杆的保护范围。保护范围是一个对称的锥体。

2. 公式法

接闪杆在 h_x 高度的 xx' 平面上和在地面上的保护半径，由式（3-2-1）、式（3-2-2）计算确定：

$$r_x = \sqrt{h(2h_r - h)} - \sqrt{h_x(2h_r - h_x)} \qquad (3-2-1)$$

$$r_0 = \sqrt{h(2h_r - h)} \qquad (3-2-2)$$

式中，r_x 为接闪杆在 h_x 高度的 xx' 平面上的保护半径（m）；h_r 为滚球半径（二类防雷建筑物取 45m）；h_x 为被保护物体的高度（m）；r_0 为接闪杆在地面上的保护半径（m）。

在实际工作中，我们需要对某个孤立的地震台站的观测房或者某个突出的天线等考虑采用接闪杆进行保护，在确保接闪杆距离需要保护的建筑物 3m 以上的同时，还需要考虑接闪杆需要多高，其保护半径才能够覆盖被保护的物体。

3.2.2 接闪带的应用

接闪带就是通常看到的高层建筑楼顶四周的那一圈圆钢。接闪带通常选择直径 10mm 以上的镀锌圆钢，采用接闪带支架支撑在楼顶四周，对于保护建筑物的外部结构来说，接闪带是最经济合理的直击雷防护方案。

接闪带安装示意图如图 3-2-2 所示。

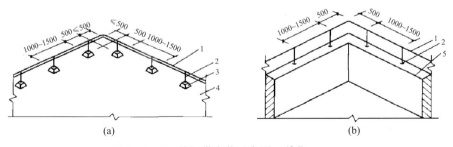

图 3-2-2 接闪带安装示意图（单位：mm）

(a) 在平屋顶上安装；(b) 在女儿墙上安装

1. 接闪带；2. 支架；3. 支座；4. 平屋面；5. 女儿墙

3.2.3　几种直击雷防护用的接闪器

接闪杆、接闪带和避雷短针都属于直击雷防护用的接闪器。它们区别在于，接闪杆是竖直向上的，其底部和引下线相连接，一般是明设的，接闪杆通常用来保护孤立且突出于某个平面的尺寸较小的单体建筑物；接闪带是水平或倾斜敷设的（根据屋面的倾斜度而定），至少有两个地方（首尾两端）和引下线相连接，一般是明设，但也可以暗敷在屋顶的混凝土或瓦片的下面，接闪带是最常用的保护建筑物外部结构的直击雷防护手段，无论是高层大面积的楼房还是单独的小建筑物，都适合采用接闪带进行直击雷防护；避雷短针，一般将 2m 以下的接闪杆称为避雷短针，可以用来保护 GPS 天线等较低的室外装置，避雷短针的保护范围计算方法和普通接闪杆相同。

对于多数无人值守的地震台站观测房来说，其外形尺寸一般为长 4m，宽 5m，高 3.5m。若采用接闪杆对该台站观测房进行保护，需要在距离台站观测室 3m 之外的地方安装一根 10m 高的接闪杆；而采用接闪带进行防护，仅需要在房顶布设 18m 接闪带和 2 条接闪带引下线。两者在制作成本上比较，接闪带要低于采用接闪杆的方式。

采用接闪杆还有一个缺点，因接闪杆工作原理是将雷电引到其针体上从而避免雷电击中台站建筑物。在雷电频发的地区，高耸于地面的接闪杆，比低矮的地震台站观测房更容易吸引雷电导入，因此接闪杆实际上近似于是引雷针。接闪杆引来的雷电会在接闪杆四周形成强大的雷电电磁脉冲磁场，从而影响台站观测房内外的金属导线，产生感应过电压。

接闪器的合理设计，将显著地减少雷电击中需要防雷空间的可能性。只有将防雷装置的设计与建筑结构设计合理妥善结合，才能在技术和经济上获得最优化的组合。特别是在设计建筑物时，就应当充分利用建筑物的金属物作为防雷装置的组成部分使用。

3.2.4　接闪杆的材质选择和工艺要求

各种高度的接闪杆的材质选择和制作要求，可以参看中国建筑标准设计研究院主编的国家标准图集 D501《防雷与接地安装》。从该图集当中，设计者可以在确定了接闪杆高度之后直接选择对应规格的接闪杆并按图纸进行加工。

1. 接闪杆的一般规定

所有金属部件都必须镀锌，操作时注意保护好镀锌层。

采用镀锌钢管制作针尖，管壁厚度不应小于 3mm，针尖镀锌长度不应小于 70mm。

接闪杆应垂直安装牢固，其垂直度允许偏差为 3/100。

接闪杆焊接完后，必须清除药皮并刷防锈漆及涂抹铅油（或银粉）。

短接闪杆一般采用热镀锌圆钢或钢管制成，其直径为：针长 1m 以下时，圆钢不应小于 12mm，钢管不应小于 20mm；针长 1~2m 时，圆钢不应小于 16mm，钢管不应小于 25mm；针长更长时应适当加粗。

2. 接闪杆制作的具体要求

根据设计的要求，按材料所需的长度分上、中、下三节进行下料。当针尖采用钢管制作时，可先将上节钢管一端锯成齿形，用手锤收尖焊实，并进行焊缝磨尖、镀锡，然后将另一端与中、下二节钢管找直，焊好。

3. 接闪杆安装的具体要求

先把支座钢板的底板固定在预埋的地脚螺栓上，焊上一块肋板协助定位，再将接闪杆立起，找直、找正后，进行点焊，然后加以校正，焊上其他三块肋板。最后将引下线焊在底板上，并清除药皮刷防锈漆及涂抹铅油（或银粉）。

接闪杆选型确定以后，安装时应注意以下事项：

（1）建筑物为砖木结构的，可把接闪杆敷设在山墙顶部或屋脊上，采用抱箍或对锁姆丝固定于梁上，固定部分的长度为针长的1/3。也可以将接闪杆嵌于砖墙或水泥中，为了结构的坚固，插在砖墙中的部分应为针长的1/3，插在水泥中的部分应为针长的1/4~1/5。

（2）对于在平顶屋上安装接闪杆，应先安上底座与屋顶层连接牢靠，并用螺丝紧固好。

3.2.5　接闪带的材质选择和工艺要求

根据建筑物的尺寸按照"第二类防雷建筑物的防雷措施"，确定安装接闪带的尺寸和接闪带引下线的数量。接闪带材质优先选择热镀锌圆钢，为了保证接闪带的机械强度和在自然状态下受腐蚀之后的寿命，建议选择直径10mm以上的热镀锌圆钢。若采用其他材质做接闪带时，其适用规格可查阅《建筑物防雷设计规范》（GB 50057—2010）中5.2接闪器部分的表5.2.1接闪线（带）、接闪杆和引下线的材料、结构与最小截面。

1. 接闪带的一般规定

接闪带采用的圆钢直径不应小于8mm，扁钢不应小于20mm×2.5mm。

接闪带明敷设时，支架的高度为10~20cm，其各支点的间距不应大于1.5m。

接闪带上不应缠绕任何线路。

2. 接闪带的安装要求

接闪带安装应平直、牢固，不应有高低起伏和弯曲现象。

接闪带弯曲处不得小于90°，弯曲半径不应小于圆钢直径的10倍。

建筑物屋顶上有突出物，如金属旗杆、金属天沟、天线、铁栏杆、爬梯和透气管、冷却水塔等，这些部位的金属导体都必须与接闪网带连接成一体。

3.3　引　下　线

3.3.1　接闪杆的引下线

接闪杆与接地装置之间应至少采用两条接地引下线进行连接，以免引下线断开，导致接闪杆失去有效接地。引下线宜采用直径12mm的镀锌圆钢或者截面为25mm×4mm的镀锌扁钢。接闪杆引下线入地的位置应考虑到远离建筑物出口和人行道，以免造成接闪杆接闪后对人员的伤害，3.3.4节中会详细说明引下线与接地体之间安全距离的要求。

3.3.2　接闪带的明敷引下线

对于已经建好的台站观测房，接闪带引下线沿建筑物外立面明敷（当然也可以再加一层装饰）。明敷接闪带引下线宜采用直径 12mm 的镀锌圆钢或者截面为 25mm×4mm 的镀锌扁钢，优先采用圆钢。

引下线敷设应符合下列要求：

（1）引下线必须在距地面 1.5~1.8m 处设断接卡子。断接线卡子所用螺栓的直径不应小于 10mm，并需加镀锌垫片和镀锌弹簧垫圈。

（2）引下线应沿建筑物的外墙敷设，从接闪器到接地装置，引下线的敷设路径，应尽可能短而直。根据建筑物的具体情况不可能直线引下时，也可以弯曲，但应注意弯曲开口处的距离不应等于或小于弯曲部分线段实际长度的 0.1 倍。

（3）引下线的固定支点间距离不应大于 2m，敷设的引下线应保持一定松紧度。

（4）引下线应避开建筑物的出入口和行人较易接触到的地点，以免发生意外危险。

（5）对易受机械损坏的地方，在地上约 1.7m 至地下 0.3m 处，这段引下线应加保护措施，减少接触电压的危险，也可用 PVC 管将引下线套起来或用绝缘材料缠绕。

（6）对于每栋建筑物至少要有 2 根引下线，并应沿建筑物对称位置布设，其间距沿周长计算不宜大于 18m。

3.3.3　接闪带的暗敷引下线

对于新建台站观测房建议采用钢筋混凝土结构，采取这种结构的优点是：一是将台站观测房内的各个墙面内的钢筋通过焊接、绑扎形成一个法拉第笼，可以起到电磁屏蔽的作用，在一定程度上削弱直击雷雷击台站观测房时产生电磁脉冲对室内电子设备的影响；二是多条引下线在台站观测房浇注的结构内，既能保证引下线的强度又能保证引下线免于腐蚀而损坏。

新建台站观测房的引下线施工注意以下几点：

（1）利用主筋作暗敷引下线时，每条引下线应连接不少于 2 根主筋。

（2）为了便于测量接地电阻，应在台站观测房的外墙预留一个测试端口，注意测试端口一定要与主筋可靠连接。

3.3.4　关于人身安全对引下线的要求

无论是接闪杆还是接闪带的引下线，在接闪后，其引下线上都会有很高的电压，此高压对附近的人员会造成闪络放电，从而使人体也成为一个雷电泄放通道，进而造成人员伤亡。典型的例子就是在大树下面避雨，大树被雷劈中后人也被雷电击亡。

雷电流经引下线入地之后，引下线附近距入地点的不同距离的地方之间都会存在电位差，即便行人跨步距离只有 50cm，其电位差仍有可能很高，造成行人两脚之间经身体有电流通过从而造成人员伤害。

高压线坠地模拟避雷引下线入地形成跨步电压的示意图如图 3 - 3 - 1 所示。

图 3 - 3 - 1 高压线坠地模拟避雷引下线入地形成跨步电压的示意图

根据《建筑物防雷设计规范》（GB 50057—2010），对接闪杆或接闪带引下线附近关于人身安全所采取的安全措施要求如下：

1. 防接触电压

（1）利用建筑物金属构架和建筑物互相连接的钢筋做引下线时，应有不少于 10 根在电气上是贯通的柱子组成，且这些柱子应包括位于建筑物四周和在建筑物内的。

（2）引下线所在的 3m 范围内，其地表层的电阻率应不小于 50kΩ·m，或敷设了 5cm 厚沥青层或 15cm 厚砾石层。

（3）当引下线外露时，引下线距地面 2.7m 以下的导体需用耐 1.2/50μs 冲击电压 100kV 的绝缘层隔离，或用至少 3mm 厚的交联聚乙烯层隔离。

（4）需用护栏、警告牌明示，以免进入引下线所在的 3m 范围内，意外接触引下线造成危险。

2. 防跨步电压

（1）当采用建筑物金属构架和建筑物互相连接的钢筋做引下线时，应有不少于 10 根在电气上是贯通的柱子组成，且这些柱子应包括位于建筑物四周和在建筑物内的。

（2）引下线所在的 3m 范围内，其地表层的电阻率应不小于 50kΩ·m，或者敷设 5cm 厚的沥青层或 15cm 厚的砾石层。

（3）采用网状接地装置对地面作均衡等电位处理。

（4）设置护栏、警告牌明示，以免进入引下线所在的 3m 范围内，意外接触引下线造成危险。

3.4　接地装置

无论是接闪杆还是接闪带，其每根引下线的冲击接地电阻应小于10Ω。现行防雷技术标准要求采用联合接地体，即接闪杆（带）防雷接地、交流工作接地（零线）、交流保护接地（设备外壳）、直流工作接地、屏蔽接地、静电接地、电源和信号防雷接地等采用一个接地体。而联合接地体的接地电阻以上述系统内接地电阻阻值要求最小的系统确定，一般要求小于4Ω。另外，条件允许的情况下，宜在台站观测室四周设置一圈环形接地装置以达到接地电阻要求。

对于改造台站的观测房，可以将环形接地装置采用不同的接地母线与接闪带引下线和室内总等电位母排等进行连接。根据地震监测的特殊性，采用独立接闪杆作为接闪器的台站，应设独立的防直击雷害的地网，该地网与地震观测系统地网之间的距离应大于5m。

新建台站观测房，采用钢筋混凝土结构基础，可以将外接环形接地体与台站观测房基础接地体连接，以降低基础接地体和外接地网合并后的联合接地体的接地电阻。基础地网与柱内作为接闪带引下线的主筋连接，并在基础地网引出室内总等电位接地端子。采用这种接地方式，可以最大限度地降低接地体的接地电阻同时降低施工成本。

3.5　直击雷防护设施建设与管理

涉及直击雷防护的工程，可以按照如下的流程进行规划和管理。

确定建筑物尺寸，以此确定是采用接闪杆还是接闪带保护方式。确定突出地面或屋面的建筑物如天线等的尺寸与位置，以此确定避雷短针的高度和安装位置。

测量当地的土壤电阻率，以此确定联合接地体的接地电阻的阻值要求和制作接地体的施工预算。

综合直击雷防护需求和台站设备的防雷要求，绘制直击雷装置和接地体的设计图纸，提出施工工艺要求。

对已有台站的改造项目，要求室外接地体的埋设提供隐蔽施工记录。对新建台站项目，台站观测房尽量采用钢筋混凝土结构。尽量采用暗敷避雷引下线；一定要预留接地测试端口；主筋之间要求有通畅的电气连接；从基础地网引出跟室内等电位接地端子连接的接地引线。

直击雷防护工程竣工，按照国家防雷技术标准《建筑物防雷设计规范》《建筑物防雷工程施工与质量验收规范》《防雷与接地工程》图集的相关要求进行验收。

每年定期对接闪器的锈蚀、倒伏情况进行检查，并及时修复。每年对引下线和接地装置进行检查，测量接地电阻，检查连接的可靠性，并及时维护。

4 地震台站防雷器的原理与结构

防雷是一个很复杂的问题，消除雷击过电流和感应过电压的影响，针对雷害入侵途径，布设各类防雷器是至关重要的举措。因此，了解熟悉各类防雷器的原理与结构，对正确合理设计和使用防雷器，达到防雷效果具有十分重要的意义。

4.1 电源防雷器

4.1.1 电源防雷器简述

布设在室外的电源线路，如变压器到台站的 380V 和 220V 交流配电线路，台站内各监测室之间的供电线路，太阳能电源线路等因附近雷击会感应较高的雷击过电压，一般在 1kV 以上，这些过电压沿着配电线路进入设备，引起设备故障甚至损坏。有效抑制电源线路上的雷击过电压的设备称为电源防雷器，也称为避雷器、浪涌保护器，简称为 SPD。

4.1.2 电源防雷器原理

4.1.2.1 电源防雷器基本原理

电源防雷器主要由过电压保护器件组成，当加在保护器件两端的电压超过其额定电压时，器件的阻抗迅速变小，瞬间为短路状态，因此强大的雷电流从该器件流过而不会流向后续电路，起到了保护作用。

1. 电源防雷器主要种类

从结构上来分，常用的电源防雷器主要有放电间隙防雷器、压敏电阻防雷器两种。

1) 间隙防雷器

放电间隙结构图见图 4-1-1，两块金属尖端相对，尖端距离很近（大部分在几毫米），当加载 ab 两线之间的电压 U 增大到一定值，间隙之间击穿空气放电，间隙之间的阻抗很小，接近于短路，大部分电流从间隙流过，流到被保护设备的雷电流很小，设备受到了保护。

间隙的放电通路为"金属+空气+金属"，其显著优点是放电电流大、绝缘阻抗高。但是间隙放电有如下缺点：

首先，有续流，间隙放电后拉弧，只有在电流过"零"时才会熄弧，续流是工频交流电流流过间隙造成"瞬间短路"，按照 50Hz 的工频，周期为 20ms，最长时间续流会有 10ms。偶然的续流不会有大的危害，但是经常性地发生续流会影响市电质量，长时间拉弧

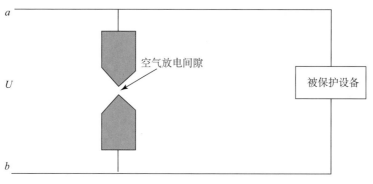

图 4 - 1 - 1　放电间隙结构

可能让防雷器的塑料外壳损坏。

其次，空气湿度不同使间隙的点火电压不同，也就是防雷器的启动电压不同，影响保护效果。

其三，金属尖端多次拉弧后会熔化，使得间隙之间的距离变化，影响间隙的点火电压，也即是启动电压，影响保护效果。

随着科技发展，高端的放电间隙防雷器采用"格栅式纯石墨间隙"，相当于多个放电间隙串联，各间隙依次放电，石墨的间隙中用云母片隔开，云母阻止拉弧的火花外出引起燃烧。石墨间隙防雷器配合有熄弧高压电容，有效地解决了续流问题，而且石墨熔点比金属高，拉弧不会融化，产品的启动电压等性能稳定。

常见格栅式石墨间隙防雷器产品图见图 4 - 1 - 2。放电间隙安装在阻燃塑料壳内。间隙防雷器因为放电电流大，作为配电线路的 B 级（第一级）防雷器安装在总配电处，但是间隙防雷器响应慢，保护电压（残压）高，配电线路还需要安装第二级、第三级防雷器。

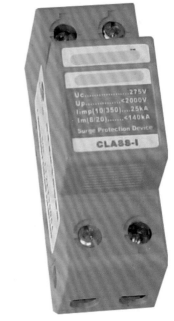

图 4 - 1 - 2　格栅式石墨间隙防雷器

2）压敏电阻防雷器

压敏电阻是一种具有非线性伏安特性的电阻器件，当加在压敏电阻两端的电压低于它的阈值时（称之为压敏电压或启动电压），流过它的电流极小，都在微安级别，一般小于几十微安，相当于一个阻值无穷大的电阻。也就是说，当加在压敏电阻上的电压低于其阈值时，它相当于一个断开状态的开关；当加在压敏电阻上的电压超过它的阈值时，流过它的电流激增，它相当于阻值无穷小的电阻，即当加在它上面的电压高于其阈值时，它相当于一个闭合状态的开关。产品图见图 4 - 1 - 3。压敏电阻防雷器可以用在电源线路的 B 级或 C 级。

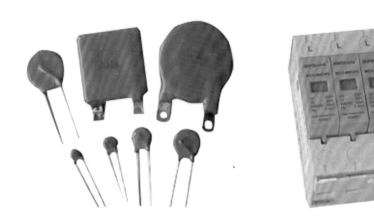

图 4 - 1 - 3　压敏电阻和压敏电阻防雷器

2. 电源防雷器主要性能参数

（1）工作电压：电源防雷器的额定工作电压。

（2）最大放电电流：电源防雷器的最大放电电流，在这个放电电流下冲击一次防雷器不会损坏，第二次就可能损坏。

（3）标称放电电流：防雷器可连续承受的放电电流。

（4）启动电压：防雷器通过 1mA 直流电流时的电压。

（5）漏电流：防雷器在 75% 启动电压下的电流。

（6）保护水平：防雷器钳位电压，也可以理解为残压，即雷电通过后防雷器两端的电压。

4.1.2.2　电源线雷击过电压防护基本原理

电源防雷器并联在电源线路上，防雷器泄放线路的雷电流，抑制线路上的过电压，从电路原理上讲，电源防雷器为分流保护原理，见图 4 - 1 - 4。

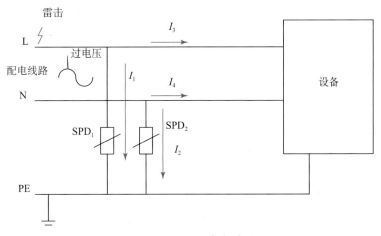

图 4 - 1 - 4　电源线防雷原理

图 4-1-4 中，220V 配电线路为设备供电，当电源线的火线或零线上有雷击过电压后，SPD_1 和 SPD_2 导通，将雷电泄放到地线，经过地线到地网，把几千伏的雷电压抑制在设备能承受的范围内。因为是并联，SPD_1 和 SPD_2 的导通电阻很小，I_1 和 I_2 瞬间很大，但是，I_3 和 I_4 不等于零，也就是说还有部分雷电会进入设备，为提高保护效果，电源线路会设计三级以上防雷，如 4-1-5 图。

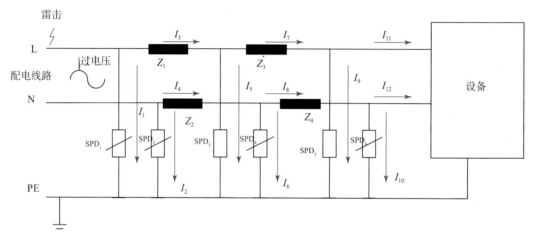

图 4-1-5　电源线防雷实际原理图

4.1.2.3　电源线防护实际设计原理

图 4-1-5 中，SPD_1 和 SPD_2 为第一级防雷，也称为 B 级防雷，SPD_3 和 SPD_4 为第二级防雷，也称为 C 级防雷，SPD_5 和 SPD_6 为第三级防雷，也称为 D 级防雷。Z_1、Z_2、Z_3、Z_4 为退耦电阻，其作用是协助前后级防雷器各自充分放电，退耦电阻可以是 5m 以上的电源线路，也可以选用专用的退耦器。

经过 SPD_1 和 SPD_2 泄放大部分雷电流后，在退耦器 Z_1 和 Z_2 的协助下 SPD_3 和 SPD_4 继续放电，然后，在退耦器 Z_3 和 Z_4 的协助下 SPD_5 和 SPD_6 继续放电，此时，I_{11} 和 I_{12} 已经很小了，电源线路上的过电压也在设备承受范围之内（一般为小于 1800V）。

地震台站实际应用中，第一级防雷器安装在台站的总配电处，接线于总配电开关的出线端，防雷器须配 63A 或 100A 空气开关，当防雷器损坏引起短路时，空气开关跳闸把短路的防雷器从电源线路中断开。请注意，如果各监测室（山洞）的配电在室外布设而且相距100m 以上或有架空线路，则监测室（山洞）的总配电须配第一级防雷器。

第二级防雷器安装在监测室配电或 UPS 配电（输入端）。如果 UPS 输出线路送到了室外则需要在输出端安装第二级防雷器。如果有架空则需要安装第一级防雷器。

第三级防雷器安装在设备配电处，一般选用防雷插座。

4.1.3　地震台电源防雷器选配

4.1.3.1　地震台电源防雷器选型原则

地震台选址在偏僻的地方，周边没有高大建筑物，各监测室都是孤立的小建筑物，雷电环境恶劣。

按照国家标准 GB 50057—2010 规定并结合台站实际雷电环境，电源线路配 B、C、D 三级防雷器，也称为第一级、第二级、第三级，部分复杂配电应该安装第四级电源防雷，具体的选型需要根据台站实际情况设计方案。综合地震台站的特点，一般电源防雷器选型如下。

1. B 级防雷器选型

B 选用放电电流大的石墨间隙型防雷器，最大放电电流达 140kA（8/20μs）

2. C 级防雷器选型

C 选用放电电流较大氧化锌防雷器，最大放电电流达 80kA（8/20μs）

3. D 级防雷器选型

D 选用放电电流较大防雷插座，最大放电电流达 10kA（8/20μs）

4.1.3.2 不同地震台站电源防雷器选配方案

按照台站规模将地震台站分为综合台站或单一手段台站。综合台站是有多套仪器设备，而且各自有监测室的台站。单一手段台站设备少而且是一个监测室的台站。

1. 综合台站电源防雷器选配

总配电：B 级防雷。

各监测室配电：C 级防雷。

机房配电：C 级防雷。

山洞配电：C 级防雷。

如果各监测室（山洞）的电源线路架空进入：先 B 级防雷，再 C 级防雷，如果 B 级和 C 级之间距离不够 5m，则两级之间增加退耦器。

如果台站内各监测室、机房统一 UPS 供电：则 UPS 前端加 C 级防雷，UPS 输出加 C 级防雷。

各仪器设备：D 级防雷。

2. 单一手段台站电源防雷器选配

总配电：C 级防雷。

各仪器设备：两级 D 级防雷。

4.1.3.3 地震台电源防雷器安装

1. B 级防雷器安装

电源防雷器安装在台站总配电处，具体安装位置优先考虑接线短，如果安装在配电柜外则需要配安装盒。B 级防雷器前需要串联 63A 空气开关，接线用 10mm² 多股铜导线，用线耳连接。B 级防雷器独立安装图见图 4-1-6，B 级防雷器安装在总配电箱内见图 4-1-7。

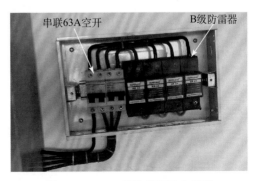

图 4-1-6 B 级防雷器独立安装

2. C 级防雷器安装

C 级电源防雷器安装在台站各观测室、山洞、机房的总配电。接线用 $10mm^2$ 多股铜导线，用线耳连接。C 级防雷器的安装图见图 4-1-8。C 级防雷器内部接线图见图 4-1-9。

3. D 级防雷器安装

地震台站的 D 级防雷器选用防雷插座，各仪器设备、通信设备等的电源插头都直接插到防雷插座上。接地线用 $6mm^2$ 多股铜导线，用线耳连接，见图 4-1-10。单一手段台站，两个 D 级防雷插座串联当两级防雷，两级 D 级防雷器安装图见图 4-1-11。

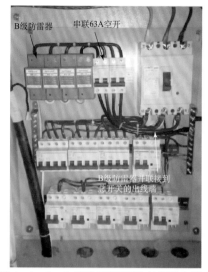

图 4-1-7　B 级防雷器安装在总配电箱内

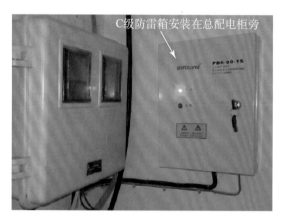

图 4-1-8　C 级防雷箱安装位置图

图 4-1-9　C 级防雷箱内部接线

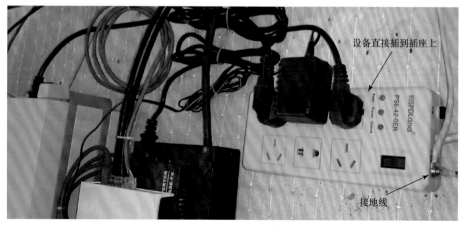

图 4-1-10　设备的电源插头直接插到防雷插座

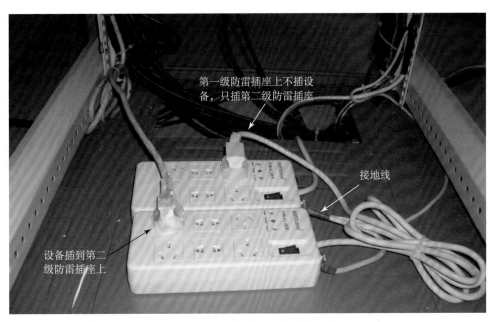

图 4 - 1 - 11　两个防雷插座串联当两级防雷

4.1.3.4　地震台站电源防雷器接地

1. B 级防雷器接地

B 级电源防雷器的地就近接到总配电的地，即 PE 端子（配电柜外壳），采用 $10mm^2$ 多股铜导线，用线耳连接。在总配电 PE 和零线（N）可能都是接到同一个地网的，两者是导通的。B 级防雷器的接地图见图 4 - 1 - 12 和图 4 - 1 - 13。

图 4 - 1 - 12　B 级防雷的地接到 PE（配电柜外壳）

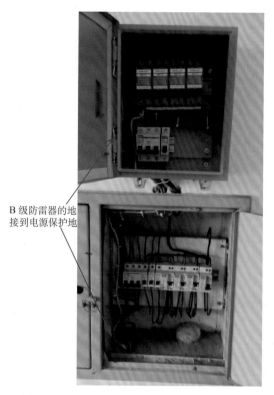

图 4 - 1 - 13　B 级防雷器接电源保护地 PE 端

2. C 级防雷器接地

C 级电源防雷器就近接到配电保护地，即 PE 端，采用 $10mm^2$ 多股铜导线，用线耳连接。如果配电线只有火线和零线两条线，没有 PE 线，则 C 级防雷的地可以接到附近的接地排。按照 TN-S 和 TN-C-S 标准，配电的 PE 线和零线（N）在总配电或变压器低压侧都是统一接到同一个地网的，所以，两者实际上是导通的，两者之间的电压（零地电压）小于 3V。C 级防雷器的接地图见图 4 - 1 - 14 和图 4 - 1 - 15。

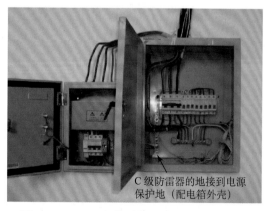

图 4 - 1 - 14　C 级防雷的地接到配电的 PE 排

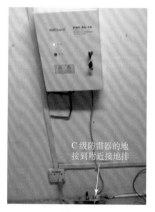

图 4 - 1 - 15　C 级防雷的地接到附近接地排

3. D 级防雷器接地

D 级电源防雷地线就近接到接地排,采用 6mm² 多股铜导线,用线耳连接。在山洞内等没有地线的地方,D 级防雷可以不接地,防雷器可完成火线和零线之间的过电压保护。D 级防雷器的接地见图 4 - 1 - 16。

图 4 - 1 - 16 D 级防雷的地接到附近接地排

4.1.3.5 地震台站电源防雷器雷击计数器

地震台站 C 级防雷配备雷击计数器,用于记录电源线路上的雷击次数。

雷击计数器的工作原理:监测 C 级防雷器的地线上的过电流,正常时地线上没有电流,当雷击使得 C 级防雷放电时,地线上有瞬间大电流,计数器启动计数,流过一次大电流计数一次,总的次数代表该配线线上流过雷电流的次数,也就是雷击的次数。计数器一般为两位 LED 显示,计数到 99 时自动清零。计数器安装图见图 4 - 1 - 17。

图 4 - 1 - 17 C 级防雷箱内的雷击计数器

4.2　通信信号防雷器

4.2.1　通信信号防雷器简述

通信线路为弱电线路，与之连接的设备端口的耐过电压能力都比较弱，所以只要线路上有一定的感应过电压，设备端口都会异常甚至损坏。雷击时强烈的电磁场会使得附近的通信线路上产生过电压，一些屏蔽性能差的建筑内的线路同样会产生过电压。能有抑制通信线路的雷击过电压的设备称为信号防雷器，也称之为信号避雷器。

4.2.2　通信信号防雷器原理

4.2.2.1　通信信号防雷器基本原理

通信信号防雷器由过电压保护器件组成，由于通信线路上传输各种不同的弱信号，因此，信号防雷器的频率、信号衰减、工作电压、阻抗等性能必须与信号线路匹配。为把雷击过电压降到设备端口能耐受的水平，通信信号防雷器内部设计为多级防护，串联在信号线路中。

1. 通信信号防雷器主要种类

通信信号防雷器的分类方法很多，按照工作频率分为高频信号防雷器、低频信号防雷器等，按照接口分为双绞线信号防雷器、同轴信号防雷器等。

2. 通信信号防雷器基本原理

双绞线信号防雷器的原理见图 4-2-1，信号防雷器串联在通信线路中，内部有两级放电，两级之间有退耦器件。雷电流经过第一级放电器件 G，大部分雷电流 I_1 流入地，经过

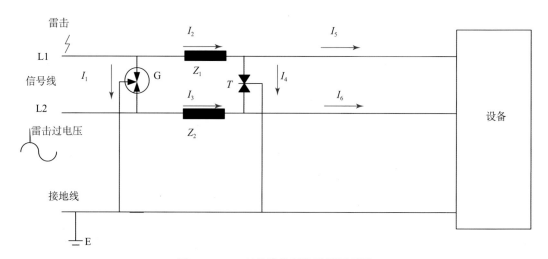

图 4-2-1　双绞线信号防雷器原理图

Z_1 和 Z_2 退耦器后，第二级放电器件 T 继续放电，放电电流为 I_4，但是还有很小部分雷电流 I_5 和 I_6 会流到设备。如果通信信号防雷器选型正确，则 I_5 和 I_6 很小，在设备本身承受的范围之内。由于防雷器串联在通信线路上，对线路上的信号有一定的衰减，因此，必须选择技术性能指标完全匹配的信号防雷器。

目前通信防雷的第一级一般采用放电管，其特点是放电电流大，绝缘电阻大，分布电容小。第二级一般采用瞬变抑制二极管，其特点是响应快、钳位准。退耦一般采用纯电阻。

4.2.2.2 通信信号防雷器主要器件

由于需要满足通信信号的衰减等要求，通信信号防雷器主要器件要求分布参数小，目前主要器件有几类。

1. 放电管

1）放电管的结构

放电管从简单空气间隙发展至今为全封闭式结构，新型的气体放电管主要采用陶瓷、玻璃等密闭封装，内部有相距很近的两个或多个金属电极，放电管内部充满氩气或氖气，这两种气体为惰性气体，稳定性非常好，电极之间的绝缘电阻达到 1000MΩ 级别，分布电容在100pF 级内，适合用于高频信号防雷器中。当放电管内的两电极端的电压达到所充气体击穿电压（放电管的点火电压）时，放电管便开始放电，拉弧后绝缘电阻由 1000MΩ 级变成几Ω 级别的低阻，雷电流流过放电管。放电管两个极之间保持一定的电压，该电压即为放电管的残压，也就是说雷电电压被钳位在一定范围之内，随着材料和工艺的不断进步，放电管的高绝缘电阻、低分布电容、强放电能力等优异性能得到充分体现，应用也越来越广。放电管的内部结构见图 4-2-2，电气图见图 4-2-3，实物图见图 4-2-4 和图 4-2-5。

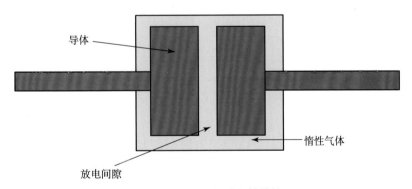

图 4-2-2 两极放电管结构

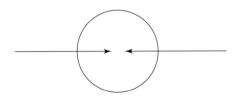

图 4-2-3 放电管的电路符号

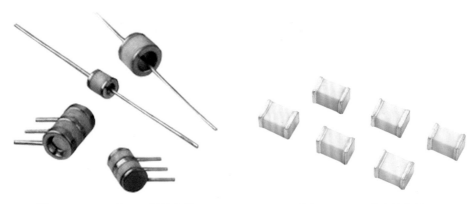

图 4-2-4　二极、三极放电管　　　　　　　图 4-2-5　贴片放电管

气体放电管从安装结构上分直插、贴片等类型，从脚来说分二极管、三极管和多极管等类型。工作电压范围从直流（或有效值）75~3500V，超过 100 种规格，放电管具备 10kA 以上的放电能力，因此，放电管常作为信号线保护电路中第一级或前两级的放电器件，泄放强大的雷电流，将雷击过电压或操作过电压钳位在设备承受的范围之内。

2）放电管的优点

放电管的极间绝缘电阻高（1000MΩ 级），极间分布电容小（100pF 级内），浪涌泄放能力强（10kA 以上）。这些参数决定了放电管是通信信号防雷器的首选器件，特别适用于 100MHz 以上的高频信号防雷器。

3）放电管的缺点

放电管的原理是拉弧放电，拉弧需要时间，因此，放电管的响应慢，在 100ns 级，对于上升沿很陡峭的雷电流抑制效果较差。同时，拉弧有一个熄弧条件，即放电管存在续流。所以，放电管需要配合其他器件以达到更好的效果。

4）放电管的技术参数

（1）直流放电电压。

在放电管的两端施加上升陡度低于 100V/s 的电压，放电管开始拉弧放电的平均电压称为该放电管的直流放电电压。受到放电管的电极之间距离等影响，放电管的拉弧放电电压值在较大的范围内会波动，一般是 20%。

（2）冲击放电电压。

在放电管上施加规定上升陡度的瞬态电压脉冲，放电管开始拉弧放电的电压值称为放电管的冲击放电电压。

（3）工频耐受电流。

在放电管连续通过交流工频（50Hz）电流 5 次后，放电管的直流放电电压和绝缘电阻无明显变化的最大工频电流称为该放电管的工频耐受电流。

（4）冲击耐受电流。

放电管连续通过规定波形及规定次数的瞬态脉冲电流后，放电管的直流放电电压及绝缘电阻不发生明显变化时的最大值电流峰值即为该放电管的冲击耐受电流。该参数的测试条件要求一定波形及一定通流次数，放电管生产单位一般给出两个参数，首先，放电管在8/20us模拟雷电波形下连续通过10次的冲击耐受电流，其次，同时给出在10/1000μs模拟雷电波形下连续通过300次的冲击耐受电流。

（5）放电管的绝缘电阻。

放电管的绝缘电阻很大，生产单位一般给出放电管的绝缘电阻初始值，一般1000MΩ级，绝缘电阻主要和放电管内的气体成分有关，也和制造工艺有关。放电管经过多次放电后，漏流会增大，放电管的绝缘电阻降低也会致使漏流的增大，如果用在通信线路上会产生噪音干扰，影响通信质量。

（6）放电管的分布电容。

放电管的极间分布电容也称之为极间电容，一般在100pF内，高质量的放电管可以做到1~5pF，电容的大小与放电管内的气体成分、放电管的内部结构等有关，放电管的分布电容经过多次冲击和长期使用后，变化不大，这一特性非常符合高频信号线的要求。

（7）放电管的选择。

选用放电管需要考虑几个主要参数：首先是直流放电电压，该电压必须是线路最大工作电压的2倍以上，一般选择2.5倍左右，放电管的直流放电电压过低则在最大工作电压波动时放电启动，影响正常通信，选择过高，则保护电压（残压）太高，雷击时设备可能损坏，即保护差；其次，根据通信频率选择分布电容，当然尽可能选择分布电容小的产品；其三，根据使用要求选择绝缘电阻。地震数据采集对通信质量要求非常高，而且地震传感器到仪器的采集线一般是多芯线，因此，一个地震信号防雷器里需要多个放电管，所以，地震防雷设备选择放电管时除一般参数外，放电管的绝缘电阻、分布电容等参数的一致性非常重要，需要经过严格配对筛选才可以用到同一个防雷器内。

2. 瞬变抑制二极管

1）瞬变抑制二极管的结构

瞬变抑制二极管是在雪崩稳压管原理和工艺基础上发展起来的一款新型二极管，简称TVS管，TVS的电路符号与普通稳压二极管一致，外形也与普通二极管相同，当瞬变抑制二极管两端受到高电压时，它能以纳秒级的速度动作，TVS的阻抗骤然降低，大电流通过TVS管，将两端间的电压瞬间抑制在一个数值上，该值类似稳压二极管的稳压电压，从而确保后面设备里的电子器件免受瞬态过电压而损坏。瞬变抑制二极管结构上有单向和双向两类，单向是反向为高电抑制方向，正向为导通方

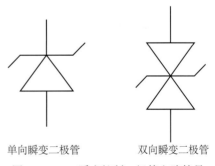

单向瞬变二极管　　　双向瞬变二极管

图4-2-6　瞬变抑制二极管电路符号

向，使用时必须保证正确的方向；双向是两个方向都是高压抑制方向，使用时不需要注意方向。图4-2-6为瞬变抑制二极管的电气符号图，图4-2-7为普通封装瞬变二极管实物图，图4-2-8为贴片封装瞬变抑制二极管实物图。

图 4 - 2 - 7　插脚瞬变抑制二极管　　　　　图 4 - 2 - 8　贴片瞬变抑制二极管

2）瞬变抑制二极管特点

TVS 具有响应时间快（纳秒级）、瞬态功率大（高达 20kW）、漏电流低（微安级）、击穿电压偏差小（小于 5%）、箝位电压易控制、体积小等优点。但是瞬变抑制二极管的分布电容大（一般在 100~1000pF），而且多次冲击或长时间使用后各参数变化大，这些特点决定了瞬变抑制二极管需要和其他器件组合使用。瞬变抑制二极管的特点决定其适用于保护微电子器件，特别是各类通信接口、传感器信号输出口、低压直流电源等，这些接口电路中主要使用响应快的微电子器件、芯片等，只有快速的 TVS 管才能在这些器件动作前就将过电压抑制在接口能承受的范围内。

3）瞬变抑制二极管参数

（1）启动电压。

在瞬变二极管的反向加一个正极性的直流电压，二极管通过 1mA 时的直流电压为启动电压，也称之为雪蹦电压。

（2）最大反向漏电流。

反向漏电流是在瞬变抑制二极管两端加一个直流电压，二极管没有发生雪蹦（即二极管还是关断状态）的最大电流为漏电流，生产单位一般以 0.75 倍启动电压下流过瞬变二极管的电流为漏电流，一般在 10μA 以内，经过多次雷电等过电压冲击或长时间使用，瞬变抑制二极管的漏电流会逐渐变大。瞬变抑制二极管漏电流变大后会严重影响通信质量。

（3）最大钳位电压。

当规定波形额定强度的瞬变电流反向流过 TVS 时的电压称之为最大钳位电压或抑制电压，该电压跟 TVS 的启动电压、功率有很大的关联，选用 TVS 时，启动电压应该是线路工作电压峰值的 2 倍以上，而且最大钳位电压要小于设备接口的耐过电压。

（4）最大峰值脉冲电流。

瞬变抑制二极管能承受的最大瞬态电流，该参数也可用功率来表示。该参数主要考虑雷电环境，在恶劣雷电环境下，需要选用大功率的 TVS。

（5）分布电容。

瞬变抑制二极管的结构决定其两极之间有较大的分布电容，一般在 100pF 数量级，因此，TVS 在高频线路中使用时需要其他器件配合，大幅降低保护回路中的分布电容，否则，严重影响通信质量，TVS 不适合于 800MHz 以上的超高频电路。

4.2.2.3 通信信号防雷器主要参数

（1）工作电压：信号防雷器能承受的电压。

（2）工作电流：信号防雷器能通过的电流。

（3）工作频率：信号防雷器的工作频率范围。

（4）阻抗：信号防雷器的在线阻抗。

（5）启动电压：信号防雷器通过 1mA 直流时的电压。

（6）漏电流：在 75% 启动电压下，信号防雷器流过的电流。

（7）放电电流：信号防雷器能通过的最大雷电流。

（8）残压：信号防雷器的钳位电压。

4.2.3 常用通信信号防雷器

信号防雷器种类非常多，主要常用的通信信号防雷器如下。

4.2.3.1 双绞线类通信信号防雷器

双绞线类通信信号防雷器主要用于双绞线保护，比如：电话线、数据专线、各类电压电流采集线等。常见双绞线信号防雷器实物图见图 4-2-9。

图 4-2-9 双绞线通信信号防雷器

4.2.3.2　网络线类通信信号防雷器

网络线类通信信号防雷器主要用于以太网信号的防护,比如:五类线、六类线等。有单路、多路结构。常见单路网络信号防雷器实物图见图4-2-10,多路网络信号防雷器实物图见图4-2-11。

　　图4-2-10　单路网络信号防雷器　　　　　图4-2-11　多路网络信号防雷器

4.2.3.3　RS232通信信号防雷器

RS232通信信号防雷器主要用于串口线路防护,比如:各类串口数据传输线路。常见RS232信号防雷器实物图见图4-2-12。

图4-2-12　RS232信号防雷器

4.2.3.4　高频同轴通信信号防雷器

高频同轴通信信号防雷器主要用于各类高频信号线路防护,高频线路种类非常多,按照匹配阻抗主要有50Ω、75Ω之分;按照接口有N型、BNC、F、L、TNC等大类,每类里有许多小类;按照频率从几百M到几G。比如:GSM馈线、卫星地面站、GPS、无线通信等。常见高频信号防雷器实物图见图4-2-13。

4.2.3.5　组合型通信信号防雷器

组合型通信信号防雷器主要用于一些特殊线路，包括直流供电防雷器和双绞线防雷器组合，双绞线防雷器与网络防雷器组合，双绞线防雷器与高频防雷器组合等。比如：监控类防雷器。常见组合型信号防雷器见图 4 - 2 - 14。

图 4 - 2 - 13　高频信号防雷器　　　　　　　图 4 - 2 - 14　组合型信号防雷器

4.2.3.6　航空接头信号防雷器

航空接头信号防雷器的接口为航空接头，主要用户为特殊监测设备、机场导航设备、地震监测设备。实物图见图 4 - 12 - 15。

图 4 - 2 - 15　航空接头防雷器

4.3　地震专业仪器信号防雷器

4.3.1　地震专业仪器信号防雷器简述

地震仪器为专业精密仪器设备，测震仪实物图见图4-3-1。受雷击影响非常大，而通用的信号防雷器因接口不匹配，性能参数不满足要求而无法使用。地震专业仪器信号防雷器的要求主要如下。

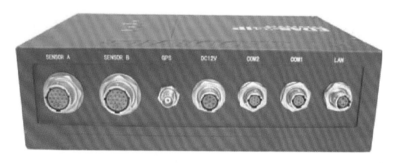

图4-3-1　地震专业仪器的接口

4.3.1.1　接口必须匹配，一一对应

地震专业仪器的接口大都为航空接头，而且各仪器选用的航空接头不同，航空接头各脚的定义也不同。地震仪器信号防雷器的接口必须与仪器完全一致，不能用跳线等方式来连接，否则影响仪器精度等。

4.3.1.2　地震专业仪器监测精度高，信号防雷器衰减必须满足要求

地震专业仪器的监测精度到万分之一甚至十万分之一，串接的信号防雷器的分布电容和分布电感对信号都有影响，因此，地震仪器信号防雷器的放电器件必须严格筛选，要选择分布参数非常小而且稳定的器件，退耦器件也必须选择分布电容和分布电感小的器件。

4.3.1.3　适合地震台站雷电恶劣环境

地震台站建设在人烟稀少的野外，而且是孤立的建筑，雷电环境非常恶劣，仪器设备遭雷击的概率非常高。所以，地震仪器防雷器必须有很高的放电能力。

4.3.2　地震专业仪器信号防雷器原理

4.3.2.1　地震专业仪器信号防雷器基本原理

地震专业仪器信号防雷器设计为三级放电，放电电流10kA，器件采用分布电容小、分布电感小的器件。地震专业仪器信号防雷器原理图见图4-3-2。

为满足地震台恶劣的雷电环境，地震仪器信号防雷器设计为三级放电，架空布设的地电阻率信号防雷器设计为四级放电。第一级采用放电电流大的放电管，信号线上的雷电流主要

从放电管 G 流入大地 I_1，经过 Z_1 和 Z_2 退耦后，第二级放电器件 T_1 为 TVS 管，雷电流 I_4 流入大地，再经过 Z_3 和 Z_4 退耦后，第三级 TVS 管 T_2 放电，雷电流 I_7 流入大地，此时 I_8 和 I_9 已经非常小，地震仪器已经安全。

由于地震仪器的监测精度要求非常高，Z_1、Z_2、Z_3、Z_4 采用对地震仪器信号频段衰减小、对雷电频段信号衰减大的退耦器件。

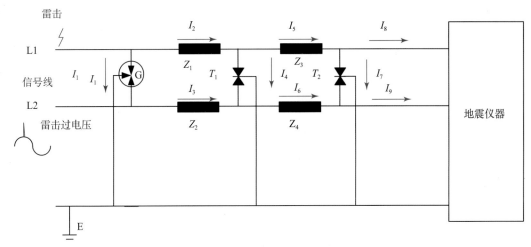

图 4-3-2 地震专业仪器信号防雷器原理图

TVS 分布电容和分布电感偏大，实际电路中需要采用开关二极管等器件来降低防雷器的分布电容和分布电感。

地震仪器信号防雷器设计为全保护模式，所有信号线对地设计三级保护，信号线对地的过电压被钳位在仪器能承受的范围内，所有信号线之间设计三级保护，信号线之间的过电压被钳位在仪器能承受的范围内，实际地震仪器信号防雷器根据仪器采集线的芯数来设计，比如 EDAS-GN 测震仪信号防雷器有 26 芯，需要 26 芯全保护，因此，地震仪器专用信号防雷器内部电路非常复杂。

4.3.2.2 地震专业仪器信号防雷器结构

地震专业仪器信号防雷器按照每款仪器的工作电压、接口方式、采集线的芯数一一对应设计。每款仪器的每个接口都对应不同信号的专用信号防雷器。航空接头类地震专业仪器信号防雷器见图 4-3-3，接线端子类地震专业仪器信号防雷器见图 4-3-4，同轴类地震专业仪器信号防雷器见图 4-3-5。

（1）工作电压：按照仪器的工作电压设计。防雷器的启动电压设计为仪器工作电压的 2 倍。

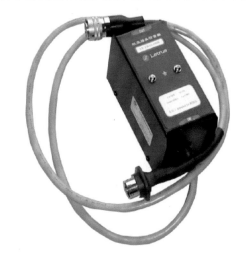

图 4-3-3 航空接头类地震专业仪器信号防雷器

图 4 - 3 - 4　接线端子类地震专业仪器信号防雷器　　图 4 - 3 - 5　同轴类地震专业仪器信号防雷器

（2）接口方式：按照仪器的接口对应，地震仪器的接口大部分为航空接头，还有 BNC、N、TNC 等同轴接口，KF4 等接线端子等。

（3）芯数：按照仪器采集线的芯数，地震仪器采集线的芯数基本在 2~32 芯之间。

4.3.2.3　地震专业仪器信号防雷器主要性能参数

地震专业仪器信号防雷器的性能参数完全按照仪器采集线上的信号设计。典型主要参数如下：

连接方式：串联

正常工作电压：±25V，正常工作电流：2A

工作频率：与信号频率对应

保护线路：x 线

输入接线：标识为"IN（外线）"，带标准接头的 1m 电缆

输出接线：标识为"OUT（设备）"，带标准接头的 1m 电缆

放电电流：10kA/线（8/20μs）

残压：<80V（线对地 G）

保护模式：线对线，线对地全保护

漏电流：<10μA

响应时间：<10ns

4.3.3　地震专业仪器信号防雷器分类

地震专业仪器信号防雷器按照仪器学科分为测震、电磁、流体、形变四大类，涵盖了目前在运行的"九五""十五"时期所有专业仪器及大部分进口专业仪器。

1. 测震类

测震类包含了测震仪器和强震仪器，主要有 EDAS 测震仪、GDQJ 强震仪、GSMA-2400IP 测震仪、DM-24 测震仪、DR-24 测震仪、SMART24 测震仪、ETNA 强震仪、TDE-324CI 测震仪等仪器对应的采集线信号防雷器和 GPS 信号防雷器。测震类专业仪器信号防雷器见图 4-3-6。

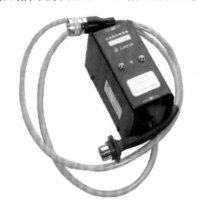

图 4-3-6　测震类专业仪器信号防雷器

2. 电磁类

电磁类包含电和磁监测仪器，主要有 GM3 磁力、GM4 磁力、M15 组合、ZD9A 地电场、ZD9A-2 地电场、ZD8B 地电阻率、ZD8M 地电阻率、S-L 电磁波辐射、L 电磁波辐射、H 电磁波辐射、CADC328 电磁波、TWG 电磁波、FHD-2B 地磁、ZNC-II 电场等电磁类仪器对应的采集线信号防雷器和 GPS 信号防雷器。电磁类专业仪器信号防雷器见图 4-3-7。

图 4-3-7　电磁类专业仪器信号防雷器

3. 流体类

流体类包含水位、水温、地温、三要素辅助监测仪器等，主要有 SAW-1A 地温仪、LN-3 水位仪、LN-3A 水位仪、WYY-1 三要素仪、SYW 水位仪、RTP-1 三要素仪、ZKGD3000 水位仪等对应的采集线信号防雷器。流体类专业仪器信号防雷器见图 4-3-8。

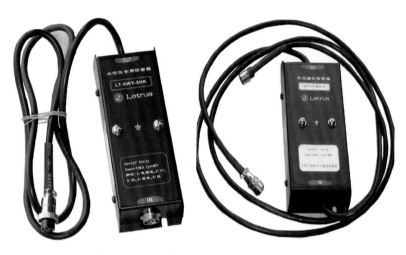

图 4 - 3 - 8　流体类专业仪器信号防雷器

4. 形变类

形变类仪器在前兆学科里种类最多，主要有 VS 垂直摆仪（十五）、VS 垂直摆仪（九五）、VP 垂直摆仪、DSQ 水管仪（十五）、DSQ 水管仪（九五）、SSY 伸缩仪、SSQ-2 水平摆仪、TJ-1 体应变仪、TJ-IIC 体应变仪、TJ-II 体应变仪、DZW 重力仪、CZB-1 垂直摆仪、YRY-4 钻孔应变仪、YRY-2 钻孔应变仪、RZB 分量钻孔应变仪等对应的信号防雷器。形变类专业仪器信号防雷器见图 4 - 3 - 9。

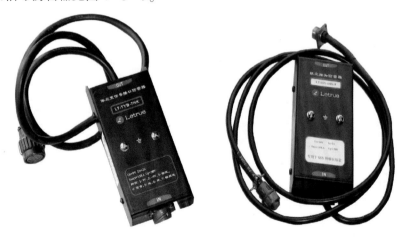

图 4 - 3 - 9　形变类专业仪器信号防雷器

4.3.4　地震专业仪器信号防雷器对数据的影响

地震专业仪器信号防雷器安装完成运行正常后，读取数据做安装前后波形对比。

图 4 - 3 - 10、4 - 3 - 11 为水管仪安装专用信号防雷器前后一个月数据波形对比，从波形看，安装后防雷器对监测数据无影响。

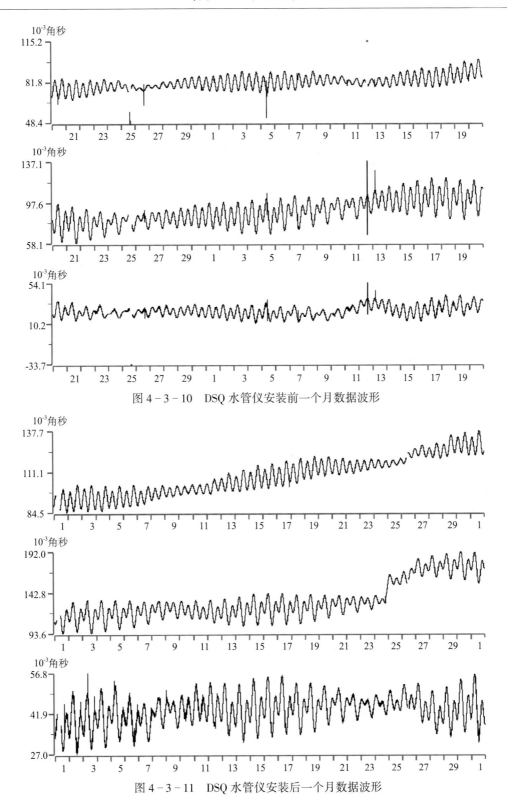

图 4-3-10 DSQ 水管仪安装前一个月数据波形

图 4-3-11 DSQ 水管仪安装后一个月数据波形

16

4.3.5　地震专业仪器信号防雷器防护效果

地震台站建设在野外偏僻的地方，雷电环境恶劣，地震专业仪器的采集线基本在室外布设，感应雷电的概率大，感应的雷击过电压高，仪器遭雷击的概率非常高，多年来地震台站不断升级改造，积累了一些不用的各类电缆，室内雷电电磁干扰也很严重，2008 年对部分雷击非常严重的地震台站做改造试点，经过一年的试运行取得了显著的效果。接下来在首都圈地区扩大试点，在试点取得显著效果的基础上，经过几年的积累，逐步形成了一套包含配电线路改造、电源防雷、信号防雷、接地、设备规范摆放、线路整理等多项措施在内的地震台站综合观测环境保障系统（也称为公共环境保障系统）改造思路，并在 2015 年开始逐步升级为行业标准。

在综合防雷改造前，一些综合性台站一次雷击几乎所有仪器都损坏，某些台站一年内仪器损坏多次，雷击已经成为地震台站仪器设备最大的安全隐患，影响了台站正常运行，影响了数据监测。经过多年的统计分析，综合改造后地震台站仪器设备遭雷击事故降低了 85%以上。

4.4　智能防雷器

目前地震台站安装的防雷器特别是信号防雷器，基本上没有自带监控功能，也没监控关键参数，当防雷器老化或失效时，没有明确的指示，运维人员无法及时获取防雷器工作状态，当防雷器失效时没得到及时更换，很可能后续的雷击得不到保护而损坏仪器设备，即出现保护"真空期"。

智能防雷器自带关键参数监测、状态监测等功能，实时输出这些信息，让运维人员及时获取防雷器的状态等关键参数。

电源防雷器实现关键参数监控和状态监控技术已经成熟。但是，信号防雷器由于信号线上没有电源，实现关键参数采集和状态监控有很高的技术难度。

4.5　防雷器远程监控

采用"互联网+"技术监控所有地震台站的全部智能防雷器，运维人员通过电脑或手机获取所辖台站防雷器的状态。获取信息后维护工作可以做到有的放矢，大幅减少无用的巡查，提高工作效率。

4.6 防雷器使用寿命

防雷器为电子产品，按照电子产品寿命来评估一般使用寿命为 8 年。但是防雷器为特殊电子产品，其使用寿命与当地雷电环境有关，因此电力等行业提议按照当地年平均雷击次数来计算。国网电力科学研究院和广东电力科学研究院联合在《高电压》杂志上发表了《配网避雷器预期运行寿命计算评估》权威文章，结合国内外经验及实验提出避雷器与每平方千米每年落雷次数的关联如表 4 - 6 - 1。其中地闪密度为每年每平方千米的平均落地雷次数，目前我国各省气象部门有相应的数据。比如，广东 2016 年地闪密度为 21.2 次。

表 4 - 6 - 1 避雷器与每平方千米每年落雷次数的关联

雷电等级	地闪密度区间 （次/平方千米·年）	使用寿命 （年）
1	1.5~3	15~20
2	3~6	10~15
3	6~9	7~10
4	9~12	5~7
5	12~15	4~5
6	15~20	3~4

5 地震台站配电技术

"电源"是提供电能的装置，包括电子电源和物理化学电源。

"电子电源"是向负载提供优质电能的供电设备，由电网获取电能进行变换和控制。

"物理电源"是将光能、热能直接转换为电能的供电设备的总称。其原理是利用半导体的光伏、热电或热光伏效应将光能或热能直接转换为电能。

"化学电源"是指直接把化学能转换成电能的供电设备或器件，即通常说的电池。其中的"普通型干电池"是不宜用充电的方法恢复其工作能力的电池，"蓄电池"是放电后可以用充电的方法使物质复原而获得再放电能力的电池。

电源是各种用电设备的动力装置，是电子工业的基础产品。电源和供电技术是国计民生不可缺少的，发展历史悠久，更新换代产品层出不穷、五花八门。地震台站的各种电子产品、电器设备和大大小小的监测仪器都离不开电源。

时代在变，需求在变。随着产业革命，高科技的应用，电源和供电技术正朝着"净化+节能+稳定+安全+智能"的趋势发展。

在交流供电条件差和特殊需要的场合，直流供电应用是非常必要的。

太阳能是巨大的清洁无污染、无噪声的能源，在无交流电的地区、条件恶劣、无人值守的场合是供电的优选方案。

稳压电源、不间断电源（UPS）、蓄电池的运用是提高电源质量的有效途径和措施。

5.1 低压配电

根据有关规定，低压配电是指用于配电的交流、工频 1000V 及其以下等级的电压。

配电系统的类型有两个特征：带电导体系统的类型和系统接地的类型。过去对配电系统没有科学的分类，一些名词也不规范。IEC（国际电工委员会）标准按配电系统带电导体的相数及根数和系统接地及保护接地的构成来对配电系统进行分类，是比较科学和严谨的。

5.1.1 带电导体系统分类

带电导体是指在电力系统工作时有电流流过的导体，包括相线（L 线）和中性线（N 线和 PEN 线），但不包括不是带电导体的保护地线（PE 线）。我国电力系统常用的带电导体根据相数和带电导体根数分为单相二线系统、单相三线系统、二相三线系统、三相三线系统、三相四线系统和三相五线系统。如图 5－1－1 所示。

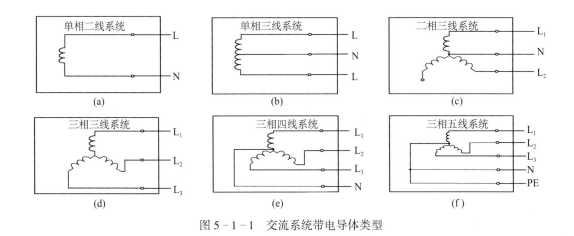

图 5-1-1　交流系统带电导体类型

1. 单相二线系统

有一根相线和中性线，我国常用于住宅和小型建筑物供电，电压为 220V，如图 5-1-1a。如果由单相变压器供电，则有两根相线，没有中性线，它不会发生因"断零"而引起烧坏用电设备的事故，对用电设备比较安全。

2. 单相三线系统

有两根相线和中性线，两根相线处于同一相位，如图 5-1-1b。如果由单相变压器供电，则从两绕组的连接点引出中性线，两端各引出一根相线。因两根相线电流处于同一相位，所以称作单相三线系统。

3. 二相三线系统

和单相三线类似，但两根相线的电流相位相反，相差 180°，可以引出两种电压，低压 120V 用于小功率负荷供电，如家用电器和照明用具，以降低事故时的接触电压，使人身更为安全，高压 240V 用于大功率负荷供电更为合理，如图 5-1-1c。如果自三相星形绕组变压器引出的二相三线系统，它可获得单相 380V 给电焊机之类的用电设备供电，也可给路灯照明供电，以减少照明线路过长引起的过大电压降。

4. 三相三线系统

有三根相线，没有中性线。电源变压器绕组有星形和三角形两种接线方式，我国用于低压电网中大功率负荷供电，供给不需 220V 电源电压的三相 380V 用电设备，如三相电动机。见图 5-1-1d。

5. 三相四线系统

有三根相线和一根中性线或兼具中性线 N 和接地线功能的 PEN 线，是我国低压电网中应用最广的带电导体系统，可以引出 220V/380V 两种电压，分别用于照明类和动力类设备供电，如图 5-1-1e。

6. 三相五线系统

三相五线系统包括三相电的三个相线（A、B、C 线）和中性线（N 线）以及地线（PE

线）。中性线（N 线）就是零线。三相负载对称时，三相线路流入中性线的电流矢量和为零，但对于单独的一相来讲，电流不为零。三相负载不对称时，中性线的电流矢量和不为零，会产生对地电压。三相五线系统是我国低压电网中应用广泛的带电导体系统，可以引出 220V/380V 两种电压，供照明类和动力类设备使用，如图 5 - 1 - 1f。

5.1.2　系统接地分类

根据我国现行的国家标准，低压配电系统接地可分为三种系统：TN、TT 和 IT 系统，TN 系统按照负载端电气设备外露可导电部分与中性线和保护线的不同组合，连接方式又进一步的细分为 TN-S、TN-C 和 TN-C-S 三类。

这些接地系统的文字符号的含义是：第一个大写字母中的"T"代表电源（变压器）端中性点与大地直接连接（T 是"大地"一词法文 Terre 的第一个字母）；字母"I"代表电源端中性点不接地或通过高阻抗与大地直接连接（I 是"隔离"一词法文 Isolation 的第一个字母）。第二个大写字母中的"N"代表电气装置的外露可导电部分与电源的中性线相连接而接地；字母"T"代表电气装置的外露可导电部分直接接地，但这个接地点在电气上独立于电源端的接地点，它与电源的接地无联系。

上述分类是根据电源端接地方式和负载端电气设备外露可导电部分的接地方式决定的。其中电气设备包括电气设备本身及其连接线路，外露可导电部分包括电气设备的金属外壳（如仪器设备的金属机箱、线路的金属支架或套管等）、铠装电缆的金属包层等。正常情况下外露可导电部分是不带电的，对地电压为零，当出现异常时（如电气设备漏电）是可能带电的，即外露可导电部分对地是存在电压的。

5.1.2.1　TN 系统

TN 系统为电源端中性点不经阻抗而直接接地的，设备外露可导电部分则与接地的电源中性线直接连接的系统。

TN 系统按中性线和 PE 线的组合方式不同又分为三类，其系统的特点和适用环境也各不相同。

1. TN-S 系统

TN-S 系统的中性线（N 线）与保护线（PE 线）是分开的，电气设备外露可导电部分是通过 PE 线连接到电源的中性点接地，与电源的中性点共用接地，在电气设备端并没有专用的接地，中性线和 PE 线从电源中性点引出后就不再有任何的连接，如图 5 - 1 - 2 所示。

TN-S 系统具有如下一些特点：

（1）系统工作时，PE 线上正常情况下是没有电流通过，PE 线对地没有电压，所以电气设备外露可导电部分与专用的保护 PE 线相连接，是安全可靠的。

（2）中性线只作为负载的回路使用。当中性线断路时，将造成三相负荷不平衡，电位升高，但由于其 N 线与 PE 线分开，此时电气设备外露可导电部分与 PE 线也都是不带电的。

（3）PE 线不可以断线。中性线不可以重复接地，但 PE 线可以重复接地。为了提高接地的可靠性，减少 PE 线断路造成的安全隐患，强制要求除电源端中性点接地外，负载端也进行重复接地是必要的。

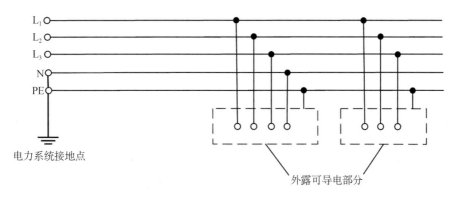

图 5-1-2 TN-S 系统

（4）TN-S 系统的可靠性高，这种系统多用于环境条件较差、对安全可靠性要求高及用电设备对电磁干扰要求较严的场所，也广泛应用于工业企业与民用建筑方面的低压配电系统。

2. TN-C 系统

TN-C 系统的中性线（N 线）和保护线（PE 线）是共用合一的，由于一条线兼有中性线和保护线的作用，所以称为中性保护线（PEN 线），所有电气设备外露可导电部分（如金属外壳等）均与 PEN 线相连，如图 5-1-3 所示。

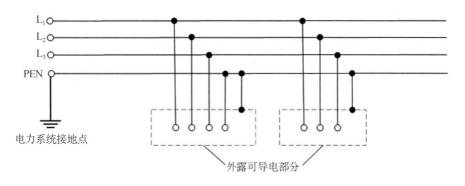

图 5-1-3 TN-C 系统

TN-C 系统具有如下一些特点：

（1）当电气设备外壳带电时，其电流经中性保护线流回中性点，此时电流较大，将发生短路故障，通常可采用零序过电流保障装置切断电源。

（2）TN-C 系统只适合三相负载基本平衡的情况，如果三相负载不平衡，或只有单相用电设备时，PEN 线上有不平衡电流通过，还有一些谐波电流可能会注入 PEN 线，使 PEN 线带电及电气设备外壳带电，如果电压超出安全电压就会威胁到人身安全。

（3）如果 PEN 线断，通电的电气设备外壳有可能带电。因此，PEN 线在任何情况下都不能开路，为了提高系统的可靠性，PEN 线应做重复接地。

（4）如果 TN-C 系统的干线上安装了漏电保护器，则漏电保护器后端的所有重复接地都要拆除，因为，PEN 线只能在漏电保护器前端进行重复接地，否则漏电保护器无法工作。

（5）TN-C 系统只适合于三相负载平衡且负载较小的小型企业，一般情况能够满足供电可靠性的要求，而且投资省，节约有色金属，所以在低压配电系统中应用比较普遍。

3. TN-C-S 系统

TN-C-S 系统是从电源中性点引出中性保护线（PEN 线），在电气设备前端（如电源配电箱处）分成单独的中性线（N 线）和保护线（PE 线），也就是说此种系统可分为两段：前一段采用的是 TN-C 系统，后一段采用 TN-S 系统，如图 5-1-4 所示。

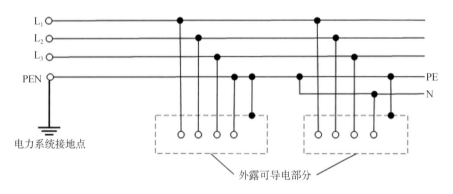

图 5-1-4　TN-C-S 系统

TN-C-S 系统具有如下一些特点：

（1）一般情况下 TN-C-S 系统不会出现 TN-C 系统内电气设备金属外壳产生对地电压，整个系统的可靠性与 TN-S 系统是类似的。

（2）TN-C-S 系统中性线和 PE 线是在电气设备前端才分开的，与 TN-S 系统相比，二者之间的电位差小，对一些电子设备产生共模干扰的可能性就小。

（3）中性线和 PE 线在电气设备前端分开后不再发生连接了，PE 线上应禁止安装开关，也不可以将 PE 线接入漏电保护器或熔断器。

（4）当 TN-C 部分出现三相负载不平衡情况时，TN-S 部分 PE 线上将会产生电压，为了防止出现这种情况，中性线与 PE 线分开处应做重复接地处理。

（5）TN-C-S 系统可用于城市低压系统供电，也可用于民用住宅及电子机房等。它兼有 TN-C 系统和 TN-S 系统的优点，常用于配电系统末端环境条件较差且要求无电磁干扰的数据处理或具有精密检测装置等设备的场所。

5.1.2.2　TT 系统

TT 系统是电源中性点直接接地，从电源中性点只引出一根中性线（N 线），电气设备的可导电外壳在负载端直接接地，这个接地是独立于电源端接地而存在的，没有电气方面的联系，如图 5-1-5 所示。

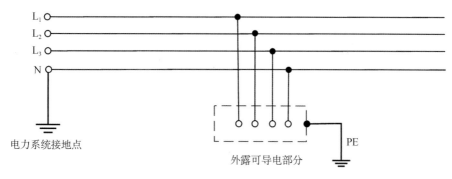

图 5-1-5 TT 系统

TT 系统具有如下一些特点：

（1）中性线（N线）与保护线（PE线）没有电气方面的联系。正常情况下中性线上有电流，保护线上没有电流。

（2）TT 系统的接地点就在负载附近，保护线的连接情况很容易检查，不容易发生故障。因此，保护线断线的概率就变得很小，即使发生也容易发现。

（3）正常情况下，电气设备外露可导电部分不带电，故障时电气设备外壳带电也不会传遍整个系统，安全性和可靠性比较高。当配合使用灵敏度较高的漏电保护装置，能够有效地保护人身安全。适合于精密电子仪器及对于防火、防爆要求较高的场合使用。

（4）TT 系统可以从就近的接地引出 PE 线，不依赖于等电位来消除 PE 线上的故障电流，适合于室外没有等电位连接的路灯、施工工地及农村低压电网。

（5）TT 系统在电气设备负载端需要接地，接地施工需要消耗一些材料，产生一定的费用。

5.1.2.3 IT 系统

IT 系统是电源中性点不接地或经过高阻抗（约 1000Ω）接地，电气设备外露可导电部分经各自的 PE 线分别直接接地，如图 5-1-6 所示。

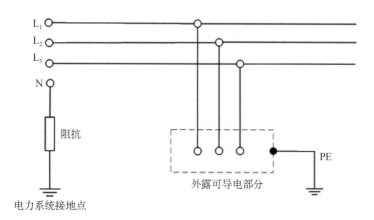

图 5-1-6 IT 系统

IT 系统具有如下一些特点：

（1）IT 系统可以引出中性线（N 线），但 IEC 要求不设置中性线，原因是中性线的绝缘损坏不容易被发现，一旦绝缘出现故障，IT 系统也就不能成立了，系统自身的一些特性就会发生改变，系统的一些优势也不复存在。如已配置中性线，就需要经常进行检查。

（2）由于电源中性点不接地，当发生单相电源对地故障时，低压三相平衡没有遭到破坏，对地电流为较小的电容电流，接触电压也较低，低于安全电压，不会发生触电事故。系统可以继续运行。如果电网绝缘强度显著下降，当两相同时对地发生故障时，会发展成为两相对地短路，引起供电中断故障。所以 IT 系统应设置绝缘监测设备，发现单相绝缘故障时及时排除，避免发生两相短路引发停电事故。

（3）由于一般不引出中性线，系统不能提供照明或控制所使用的 220V 电压，一般可使用降压变压器转换得到 220V 电压，这样使线路更加复杂，增加维护成本，使系统的应用受到限制。

（4）在 TN 系统中有时也存在部分 IT 系统，比如部分安全要求高的医院科室采用隔离变压器供电，输入端电源由 TN-S 系统提供，输出端变压器中性点不接地构成 IT 系统。

（5）IT 主要用于某些矿山、井下类不能停电的场所，在常规情况下很少使用。

5.1.3　地震台站配电方式选择

地震台站是地震监测的基层单位，是地震观测数据的产出基地。地震观测数据产出质量直接影响到地震分析预测及相关科学研究。选择适合于地震台站的配电方式可以为地震台站连续稳定的运行和产出数据资料提供良好的供电保障。结合各类低压配电系统特点和适用范围及相关规范要求，地震台站根据低压配电系统和电气设备不同的接地组合选取 TN-S 配电制式或 TT 配电制式。当地震台站自设变压器时宜采用 TN-S 制式，而低压直接配电时宜采用 TT 制式。

地震台站配电方式选择 TN-S 系统时，在变压器电源端的中性点应接地，引出中性线和 PE 线。实际应用中，负载端 PE 线建议做重复接地，以提高整个系统的可靠性。地震台站除在配电室对 PE 线作重复接地外，有条件的台站还应在观测房分支（如山洞、井房等）对 PE 线作多次重复接地，有效地提高系统的可靠性。

地震台站配电方式选择 TT 系统时，在低压直接配电的电源端中性点应接地，引出中性线，负载端另外单独设接地极，引出 PE 线直接接地。

5.2　地震台站配电技术要求

5.2.1　地震台站配电的基本要求

我国地震台站近 40 年来无论监测环境、仪器设备都有较大的发展，供电情况也有了很大变化，但是仍存在不少问题，普遍存在电压波动较大、电源质量欠佳、停电、防雷措施差。不同类型的地震台站有其不同的特点，对供电的需求也不一样。

综合分析认为：交流市电仍是地震台站目前的主要供电方式，而直流电源是地震台站优选的供电电源。地震台站对交流电源的要求是：稳定而且不能断电，避免雷电感应危害，减少电网污染影响。对直流电源的要求是：稳压连续、自动充电、自动切换、较高的效率。

5.2.1.1　净化、稳压、安全可靠的交流供电技术和供电系统

随着超大规模集成电路的广泛应用，各种仪器设备对可能出现的浪涌和脉冲干扰更为敏感。国外一些机构提供的电源事故统计的分类数据表明尖峰电压占 39.5%、波形下陷的占 49%、欠压或过压占 11%、断电的占 0.5%。我国的电源事故情况会更严重，我国台站停电频繁，电压波动大，遥测台网因供电系统故障引起的中断记录时间占总中断记录时间的 30% ~ 50%。因此供电系统的可靠、稳定、连续是至关重要的。通过研究分析，可靠性、稳定性可通过参数稳压电源或净化稳压电源的技术设计来解决；交流供电连续性拟采用大功率 UPS 和 UPS 扩容技术解决。

交流电源稳压器按主电路结构和稳压原理为依据进行分类有参数稳压（调整）式、自动调压式、开关式、大功率补偿式、一般净化式、微电脑控制补偿式等多种类型。从稳压范围，电源频率适应性，突波的干扰抑制、电磁干扰、杂波的抑制能力，反应时间，效率，自动旁路保护功能，配接发电机，干扰源等主要技术指标看，微电脑控制补偿式的净化电源较优，但价格较高，而参数稳压式具有宽输入范围、过载能力强等突出优点，更适合我国的地震台站使用。

经过研究分析和试验，推荐设计的交流供电系统的工作框图见图 5 - 2 - 1。

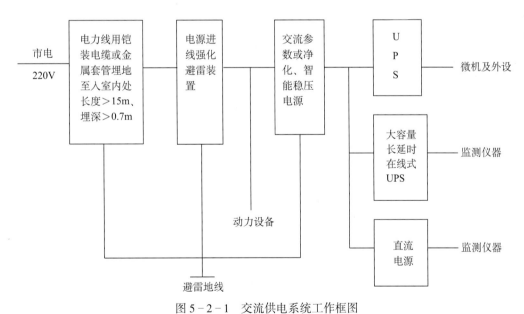

图 5 - 2 - 1　交流供电系统工作框图

其主要技术指标如下：

交流输入电压：220V±25%

交流输出电压：220V±5%

输出波形失真：≤3%，无尖峰干扰产生

尖峰电压抑制：100∶1

输出功率：0.5、1、3、5kVA 等系列

有相应的避雷装置。

5.2.1.2　稳压、连续的直流供电技术和供电系统

地震台站的观测技术系统要求电源能支持连续不间断供电，大功率 UPS 和 UPS 扩容技术可以减少交流停电带来的影响。目前，地震台站观测技术系统中的仪器设备，其内部工作平台一般都是直流供电的或市电通过降压整流变成直流电压工作，因此解决好直流供电系统的连续可靠稳定是保证观测系统连续可靠工作的又一关键问题。

"八五"期间的科技攻关成果采用配电瓶和相应的控制装置组成的直流供电系统在遥测试验台网中取得较好的效果。在此基础上，"九五"期间根据地震台站技术改造和数字化遥测台网的需要，设计研制具有稳定性好、大容量、抗感应雷电和强干扰、自动充电以及有较完善的控制保护功能的电源控制器，较好地解决经数字化、综合化、自动化技术改造的地震监测台网的需要。

经过研究分析和试验，推荐设计的直流供电系统的工作框图见图 5-2-2。

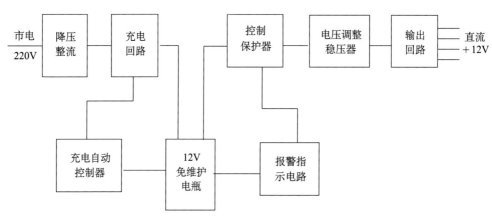

图 5-2-2　直流供电系统工作框图

其主要技术指标如下：

交流输入电压：154～265V

直流输入电压：+10.2～13.8V

直流输出电压：+12±5%

配有蓄电池，可交、直流输入自动切换，并有自动充电装置

多路电压输出，输入与输出之间、多路输出之间相互绝缘

输出电流：1、3、10A 三个系列

报警及保护功能：过压、欠压、过流指示、报警及保护，自动充电，有限压、限流功能
　　　　　　　　及指示

5.2.1.3 清洁、无污染、无噪声的太阳能供电技术和供电系统

能源是人类社会存在与发展的物质基础。人们在物质生活和精神生活不断提高的同时，也越来越感悟到资源日益枯竭，环境不断恶化，人类必须寻求一种新的、清洁、安全、可靠的可持续发展的能源系统。太阳能就是其中之一。太阳能具有资源丰富、取之不尽、用之不竭、处处可开发应用、不会污染环境和破坏生态平衡等特点。而且，我国是太阳能资源十分丰富的国家之一，全国 2/3 的地区年辐射总量大于 5020MJ/m^2、年日照时数在 2200 小时以上。尤其是大西北，太阳能的开发利用具有巨大的潜力。设计研制配单晶硅太阳能电池板和免维护电瓶以及控制电路构成无交流电的无人值守台站使用的太阳能供电装置是非常有用的。

经过研究分析和试验，推荐设计的太阳能供电系统的工作框图见图 5 - 2 - 3。

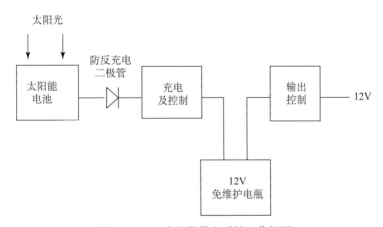

图 5 - 2 - 3　太阳能供电系统工作框图

其主要技术指标如下：

输出电压：12V

输出功率：5W、20W 两个系列

自耗电：<10mA

具有过压、欠压、自动充电，防反充电隔离保护

5.2.2　地震台站配电设计

地震台站的用电属于低压配电系统，应遵循规范性、可靠性、安全性、可扩充性、可维护性、经济性的原则进行设计。

地震台站配电设计应严格按照国家相关规范和标准进行设计，确保设计质量。保证为地震监测仪器提供高质量、连续、稳定的供电，且在供电发生故障时有启动快速、有效的补救措施。在任何情况下首先要保障人身安全并且尽量使财产不受损失。同时，根据台站负载情况确定电缆线路和电气设备的各项规格、指标，还应预留一定的余量用于后续可能增加的负载。设计时应考虑后续维护、检修的便利。

5.2.2.1　地震台站配电整体设计

1. 配电设计要求

（1）电气设备和线缆的规格、指标相匹配，二者与台站的负荷相匹配。

（2）配电线路的接线方式宜选用放射式，即从配电箱分别引线至各用电设备，各个回路则是采用树干式接线方式，即一根干线分别与各用电设备相连接。

（3）三相配电线路应注意均匀分配各相负荷，使各相负荷保持平衡。单相最大负荷超出三相平均负荷值不宜大于15%，单相最小负荷低于三相平均负荷的值不宜大于15%。

（4）以30分钟的最大计算负荷所产生的热效应作为选择电气设备和线缆的依据。地震台站用电设备功率相对较小，将所有用电设备的功率相加（需考虑临时用电）计算系统的总功率。

（5）各种电气设备应符合国家相关标准，线缆应选用国标线。布线应规范、整齐、有序，施工严格遵守国家相关规范、要求。选材应注意防火，禁止使用可燃材料。

2. 交流电源接入方式

地震台站交流电源接入方式可分为三种：

第一种是台站附近有10kV高压线通过，但没有电力变压器，台站需购置独立的变压器，变压器的维护也由台站负责。优点是使用独立变压器供电，电能质量较好，不会发生同一电网用电设备间的相互干扰。缺点是初期建设成本较高，后期运行维护由台站负责，增加了维护成本。主要用于大型综合台站和一些较偏僻的台站。

第二种是台站附近有电力变压器，可引入380V/220V交流电，供一些综合台和有人值守的观测站使用。

第三种是台站附近有电力变压器，可引入220V交流电，供小型台站及无人值守台使用。

后两种方式的优点是先期投入较少，后期维护成本较低。缺点是用电设备可能产生相互间的干扰，使电能质量下降。

3. 配电系统保护

地震台站低压配电系统用的保护装置有低压断路器、低压熔断器和剩余电流动作保护器等。

1）低压断路器

低压断路器不但有接通和断开电路的功能，而且有检测故障电流并发出跳闸信号的功能。除在电路中起控制的作用外还具有一定的保护功能。智能化低压断路器，不但具有普通断路器的各种功能，同时具有监视和显示电压、电流、功率等参数。对电路实时监测，各项参数可以设置、修改，相关数据可存储，方便查询。

2）低压熔断器

低压熔断器也是一种保护装置，适用于低压交直流电路。熔断器用于电路中的过载和短路保护以及电动机控制电路。电路正常工作时，熔体的温度较低，当电路发生严重过载或短路的情况，这时电路中的电流较大，大电流产生的热量使熔体的温度急剧升高使熔体融化，分断电路，从而起到保护作用。

3）剩余电流动作保护器

剩余电流动作保护器（RCD）也称漏电电流动作保护器，简称漏电保护器，是一种在漏电流达到或超过额定电流值时可以自动切断电路的保护电器。

漏电保护器具有过载和短路的保护功能，按极数和线数可分为单相单极、单相两极、三相三极等。按脱扣器的类型可分为电磁式和电子式等等。

4）漏电保护器使用注意事项

各类低压配电系统的接线方式不同，漏电保护器在不同系统中的接法也各不相同。实际安装操作中应严格按照相关规定正确的接线，否则漏电保护器就不能发挥应有的作用。

在 TN-S 系统中安装漏电保护器，设备的 PE 线与电源的 PE 线相连接，不能与中性线 N 相连接；在 TT 系统中安装漏电保护器，设备的 PE 线与设备端专用地网相连接，不能与中性线 N 相连接。此外，漏电保护器使用时还要注意：

（1）漏电保护器连接的中性线不能作为保护线，电气设备的保护线必须与 PE 线或 PEN 线相连接。否则漏电保护器在发生漏电事故时不会启动，达不到漏电保护的目的。

（2）漏电保护器连接的中性线不可以重复接地，如果重复接地，大地会分走一部分电流，使漏电保护器无法启动。

（3）漏电保护器需要定期检查，检查时按下试验按钮，检查是否可以正常启动。经检查没有问题才能继续使用，如果启动不正常需要及时更换。

4. 配电质量指标

衡量配电质量的指标包括电压、频率和波形。我国低压配电网正常使用的是 380V/220V、50Hz 的正弦交流电，根据国家有关规定，具体指标如下：

1）电压偏差

《电能质量供电电压偏差》（GB/T 12325—2008）中规定：20kV 以下的三相供电电压的偏差为标准电压的±7%，220V 单相供电电压为标准电压的+7%、-10%。

2）频率偏差

《电能质量电力系统频率偏差》（GB/T 15945—2008）中规定：电力系统正常运行条件下频率偏差限值为±0.2Hz，当系统容量较小时，偏差限值可放宽到±0.5Hz。

3）公用电网谐波

《电能质量公用电网谐波》（GB/T 14549—93）中规定：总谐波畸变率 380V 为 5.0%；用户注入电网的谐波电流允许值应保证各级电网谐波电压在限值范围内，国标规定各级电网谐波源产生的电压总谐波畸变率：380V 为 2.6%。

4）公用电网间谐波

《电能质量公用电网间谐波》（GB/T 24337—2009）中规定：间谐波电压含有率是 1000V 及以下<100Hz 为 0.2%，100~800Hz 为 0.5%。

电能质量主要是受到一些非线性负载的影响，可以通过增加有源滤波器、无源滤波器或使用净化电源来解决。

5. 电器设备的选择

电器设备选择的原则是在正常的情况下可以连续、稳定的工作，在发生故障的情况下能够快速的切断电路，保护非故障设备不受损坏。电器设备选择最主要的参数是电压和电流，一般情况下，电器设备的额定电压应大于或等于标称工作电压；额定电流大于正常工作电流。一般情况指的是温度40℃以下，海拔1000m以下。当温度超过40℃时，每升高1℃，载流量降低约1.8%，而40℃以下每降低1℃，载流量增加约1.8%。额定电压在1000V以下的低压电器设备种类很多，地震台站常用的电器设备有：刀开关、断路器、漏电保护器、熔断器及其他一些控制类电器等。

1）刀开关的选用

刀开关应用于配电柜或配电箱中，主要有HK型塑胶盖的刀闸、HD及HS系列开关板用刀闸、HH系列封装式开关和HR系列刀熔开关。

地震台站常用的是HD、HS系列开关板用刀闸，其额定交流电压500V以下、直流440V以下、额定电流1500A以下、可不频繁手动通断电源。

2）断路器的选用

低压断路器也称空气开关，可以带负载手动通断电路，也可以在短路或过载的情况下，脱扣器动作，自动跳闸。额定电压1000V以下的低压断路器分为框架式断路器、塑料外壳断路器和小型断路器。地震台站常用的是小型断路器，其额定电流为0.3A~125A。断路器的选用应注意：额定电压要与线路额定电压相匹配；额定电流要大于或等于线路负载电流，负载电流可按单相电的电流4.5A/kW、三相电每相电流2A/kW计算；感性和容性负载需要考虑起动电流；断路器额定电流应大于负载电流，小于导线额定电流；断路器宜尽量减少级数的设置，一般以3级以内为宜。

3）漏电保护器的选用

漏电保护器的主要作用是防止直接或间接的触电伤亡及因电火灾事故，漏电保护器一般与空气开关配合使用。漏电保护器的选用应注意：为保障人身安全，应选择动作电流不大于30mA的高灵敏度漏电保护器，其上一级线路动作电流应不小于300mA，主干线应选择动作电流不大于500mA的漏电保护器，并注意延时的匹配，避免越级动作；漏电保护器动作电流应不小于所保护电路正常泄漏电流的2.5倍，同时不小于电路中泄漏电流值最大一台设备泄漏电流的4倍。

4）熔断器的选用

普通照明电路熔断器熔体的额定电流略大于或等于负荷电路的额定电流，最大不超过1.5倍；动力电路熔断器熔体的额定电流一般为负荷电路的额定电流的1.5~2.5倍，对于频繁起动的电动机可适当加大至3~3.5倍；熔断器的额定电流应大于等于熔体的额定电流。

5.2.2.2 地震台站配电线路敷设

1. 线路连接的要求

导线与导线之间以及导线与电气设备之间要进行可靠的连接，使连接点具有一定的机械强度，采取适当的保护性措施，确保连接安全、可靠。

导线的连接形式有铰接、焊接、压接等几种单独或组合的连接模式。一般采用焊接的方式，在焊接前先将导线接头处打磨干净，去除导线表面氧化层，将两根导线接头按工艺绞缠接好，焊接前先在接头处涂以松香或松香类制品，再使用焊锡进行焊接。焊锡的用量要适当，焊接应牢固，避免虚焊。焊接好以后用绝缘胶带包扎或使用绝缘装置。

各种导线的连接应符合下列要求：

（1）导线的连接宜采用焊接或压接方式，铝芯导线无法进行焊接，一般使用绞缠接方式。

（2）截面在10mm² 以下的单股或多股BV线可直接与电气设备的接线端子连接。

（3）截面在2.5mm² 以下的多股铜芯软线应将线芯拧紧镀锡再与设备的接线端子连接。

（4）截面在2.5mm² 以上的多股铜芯软线应采用压接或焊接于接线端子后再与设备端子连接。

（5）同一端子连接不同规格的导线时，应将导线压接或焊接后，再与设备端子连接。

（6）端子的规格与导线的截面及所连接电气设备端子相匹配。导线接头所使用的绝缘材料的绝缘等级应不低于导线外皮的绝缘等级及对于环境条件的耐受能力。

（7）不同种类电路的导线颜色应遵守相关规定。见表5-2-1。

表5-2-1　不同种类导线颜色

序号	项目	内容	导线颜色
1	交流三相电路（380V）	第1相	黄
		第2相	绿
		第3相	红
2	交流单相电路（220V）	相线（或火线）	褐
3	交流三相及单相电路	中性线（或零线）	淡蓝
4	接地线		黄/绿双色
5	直流电路	正极	褐或红
		负极	淡蓝或黑

2. 电线、电缆的选择

电线、电缆应满足工作电压、工作电流、环境要求、工作温度、机械强度、电压损失等要求的原则下选取。

地震台站市电入户的电线应采用铠装电缆，单相采用两个芯或三个芯电缆，三相采用四个芯或五个芯的电缆，敷设采用埋地方式，埋地长度应满足相关规定；室内配电线路宜选用纯铜BV线，线径满足负荷电流要求；总配电室到各观测房及山洞的配电线路应选用铠装电缆；山洞内的交流电源线应选用电缆，照明线路宜选用护套线，潮湿山洞的照明宜采用安全电压，选用密封好的低压灯带；电动机室内的电源线宜选用橡皮导线；需要经常移动的导线，宜选用多股软线。

3. 电线、电缆材料的选择

电力线分为两大类，绝缘导线和裸导线。

电线、电缆导体使用的材料主要是铜和铝。使用的绝缘材料主要是聚氯乙烯、聚乙烯和橡胶。铠装电缆使用的材料还有钢丝或钢带，以及一些填充材料等。

相同线径的铜导线和铝导线相比较，铜线的机械强度高，热稳定性好，载流量大，不易氧化，但价格较贵，重量高。铝线的机械强度差，热稳定性差，载流量稍差，相同载流量的情况下，铝线的截面约为铜线的 1.5 倍。价格便宜，仅为铜线价格的 1/3。重量轻，相同电阻值的情况下，铝线的重量仅为铜线的一半。综合考虑，室内线路宜选用铜线，室外线路使用铝芯及铜芯线均可。

绝缘材料要根据电线、电缆所使用的环境来选择。聚氯乙烯绝缘电线、电缆，线芯允许的长期工作温度是 70℃，优点是制造工艺简单、弯曲性好、重量轻、耐油、耐腐蚀。缺点是低温性能差，变硬变脆，适用环境温度为 –15℃ ~ 60℃，不适宜在零下 15℃ 以下的环境中使用，敷设的温度不能低于 5℃，低于 0℃ 时敷设，宜先对电缆进行加热。

交联聚乙烯绝缘电线、电缆，线芯允许的长期工作温度是 90℃，具有性能优良、质量轻、耐腐蚀和敷设方便等特点。

橡胶绝缘电线、电缆，线芯允许的长期工作温度是 60℃，具有弯曲性能好，能够在低温严寒气候条件下使用。缺点是耐油性差，有需求的场所可使用耐油型橡胶护套电缆。

4. 电线、电缆截面的选择

电线、电缆截面选择主要考虑的因素有载流量、工作温度、电压损失和机械强度等。

1）按载流量选择截面

载流量是指电线、电缆按发热条件允许通过的电流强度。相同条件下铜导线比铝导线载流量大；同种电线、电缆截面积越大载流量越大；导线的敷设方式不同，载流量也不相同。

2）按工作温度选择截面

保证电线、电缆长期稳定正常工作情况下，温度不超过其所能耐受的温度。电线电缆截面越大，发热量越少，温度也就越低，不同的环境温度及散热条件下会有差异。

3）按电压损失选择截面

电线电缆越长，电压损失越大。应保证用电设备的电压符合其对于电压偏差的要求，电压偏低时，可通过增加电线、电缆的截面积等方法降低电压损失。

4）按机械强度选择截面

保证电线电缆在不同的安装条件下，机械强度可以满足安装环境的要求，能够在特定环境力学条件下长期稳定工作。

5）中性线截面选择

单相两线制电路中，中性线截面与相线截面相同；三相四线制电路中，中性线的允许载流量不小于电路中最大不平衡电流，并应考虑谐波电流的影响，主要是三次谐波电流。当谐波电流较小（小于 33%）时，可按相线电流选择导线截面。当谐波电流大于 33% 时，应按中性线电流选择导线截面。

6）保护线及中性保护线截面选择

保护线（PE 线）及中性保护线（PEN 线）的截面选择可按表 5 - 2 - 2 与表 5 - 2 - 3。

表 5-2-2 PE 线截面摆选择

相线截面 S/mm²	PE 线最小截面/mm²
S≤16	S
16<S≤35	16
S>35	S/2

表 5-2-3 PEN 线截面选择

材料	相线	PEN 线			
	截面 S/mm²	截面/mm²	最小截面/mm²		
			护套线	裸线	电缆（芯线截面和）
铜	S≤16	S	1.5	4	10
	S>16	S	—	—	—
铝	S≤25	S	2.5	4	16
	S>25	S	—	—	—

5.2.3 地震台站配电施工

5.2.3.1 室外线路施工

1. 架空线路的安装

地震台站常见的架空线路有市电的入户电源线，地电类仪器的外场地供电线路及测量线路等。考虑到防雷方面的因素，多数台站已将这两种线路采用铠装电缆埋地处理，只有少部分台站采用架空方式安装。

1）线杆安装

线杆是用来支持架空导线的，地震台站常用的是木杆和钢筋混凝土杆。木杆的特点是重量轻、价格便宜，缺点是强度低和易腐烂。钢筋混凝土杆的特点是耐用、价格便宜和不易腐烂，缺点是笨重，运输和安装不方便。

线杆按用途可分为直线杆、耐拉杆、转角杆、终端杆和分支杆等。直线杆也称中间杆，作用是承受导线、绝缘子及凝结在其上的冰雪等的重力作用，并且需要承受风力的作用，使用较多；耐拉杆是采用四面拉线或沿线路方向的两面拉线，作用是当发生倒杆事故时，可将危害限制在两根耐拉杆之间；转角杆是用于线路的转弯处，需要使用导线的反相拉线；终端杆是用于线路的起点和终点的线杆，需要采用线路反相拉线；分支杆是用于线路的分支处，需要采用分支线路对应方向的拉线。

线杆安装前首先要确定线杆的方位，包括起止点、转角处等。线杆的定位方法有目测法和精确测量定位法等，地震台站一般采用目测法即可，主要是使各线杆成一条直线，线杆距离基本相等，城市为 30~50m，城郊及农村为 40~60m。

杆坑可挖成圆形或梯形，坑深一般为线杆长度的 $1/6\sim1/5$，主要是根据当地土质，土质疏松处及斜坡处埋得深一些，土质致密处可埋设浅一些。

为增加线杆的稳定性，对线杆的基础应进行加固，在线杆根部周围采用 400mm 的石头添围，缝隙用泥土填充，上部再覆盖泥土。对于土质过于疏松及需要承重的线杆，线杆底部还应增加底座，底座可采用石块或混凝土浇筑的方法。

2）拉线安装

拉线的作用是用来平衡线杆的受力，防止线杆受力不均发生倾斜。拉线的种类较多，常用的有普通拉线、转角拉线、人字拉线等。

拉线的最小截面为：地上部分不小于 $25mm^2$，下部与地锚连接的部分截面不小于 $35mm^2$。可选用多股镀锌绞合铁丝。

拉线的制作方法有绞合和束合两种，绞合法容易发生各股线受力不均的现象，因此目前常用束合法。束合法是将裁剪好的镀锌铁线依照一定的间距，用直径 $1.5\sim2mm$ 的镀锌铁线缠绕固定。

3）横担安装

横担的种类有木横担、铁横担和瓷质横担，地震台站常用的是铁横担。

直线杆的横担安装在靠近负载一侧；终端杆、转角杆等受导线张力不平衡的线杆横担应安装在张力的反向侧。单层横担安装在距杆顶 1m 处。

4）导线的固定

架空输电线多采用裸线，种类有铝及铝合金线、钢芯铝线和铜线。最小截面要求铝线不小于 $16mm^2$，铜线不小于 $6mm^2$。导线截面要满足机械强度及负荷电流的要求，另外电压损失不可以太大。

导线固定在横担的绝缘子上，地震台站常用的是针式绝缘子。导线在绝缘子上的绑扎应按相关规定。导线应具有一定的张弛度（也称弧垂），不可过松或过紧。

架空线路的安全距离应满足表 5-2-4 要求。

表 5-2-4　架空线路的安全距离

项目	安全距离/m
地面	5
树顶	>1.5
建筑物屋顶	>3
管道	>3
树木（水平距离）	>2
建筑物（水平距离）	>1.5
管道（水平距离）	>2

2. 电缆的敷设

电缆敷设常用的方式有：直埋敷设、电缆沟、电缆隧道和室内电缆明敷设等。地震台站市电入户考虑到电源雷电防护，明确规定采用铠装电缆直埋的方式敷设。

铠装电缆直埋敷设施工方便、投资少，在地面上挖沟，深度为 0.7~0.8m 左右，宽度视电缆的数量而定，单根电缆一般 600mm 左右，每增加一根电缆，宽度增加 200mm 左右。电缆沟的横截面形状为上宽下窄，沟底应平整，清除石块等物体。在沟底铺 100mm 的细砂土或松软土，电缆沿沟底中线敷设。电缆上方再填充 100mm 的细砂土或松软土，上铺混凝土或砖石保护板，宽度应超过电缆两侧各 50mm，向沟内回填土，高度应超过地面 100~200mm。最后在电缆线路的两端及转弯处等设立标示牌或桩，注明相关信息，方便检修。

铠装电缆在沟中敷设，不必拉直，最好成波浪形，防止填土后电缆承受过大拉力；电缆的两端应留有一定的余量，长度 1.5~2m 为宜；铠装电缆的金属包层在起点及终点均应良好接地；电缆弯曲半径应不小于电缆直径的 15 倍；穿过马路的电缆应穿入保护铁管，内径应不小于 100mm，并且应大于电缆直径的 1.5 倍；电缆引入建筑物应穿钢管或铁管保护，管口应封住，防止水渗入；低压电缆和高压电缆应分开敷设，并排敷设时距离不小于 150mm；相同电压的低压电缆并排敷设时，间距不小于 35mm，并且不小于电缆外径；从电缆沟引出地面的电缆应套上长度不小于 2m 的金属管保护，金属套管深入地面以下不低于 0.3m；定期应对埋地电缆进行巡视检查，一般每三个月应检查一次，用绝缘电阻测试仪（兆欧表）测量电缆的绝缘电阻，阻值不低于 10MΩ。

电缆敷设的安全距离应满足表 5-2-5 要求。

表 5-2-5 铠装电缆埋地敷设与各种设施安全距离

项目	安全距离/m
电线杆	>0.5
乔木	>1.5
灌木	>0.5
建筑物基础	>0.6
水管	>1
热力管沟	>2
道路	>1.5
水沟明渠	>2
接地网地极	>5
与管道交叉距离（交叉部分套保护管）	>0.5
与道路路面交叉距离（交叉部分套保护管）	>1
与排水沟底面交叉距离（交叉部分套保护管）	>0.5

5.2.3.2　室内线路施工

地震台站室内使用最多的是纯铜 BV 线，根据额定电流选择导线截面，常用的导线截面（mm²）有 2.5、4、6、10、16、25 和 35。10mm² 以下线芯为单芯，10mm² 及以上为多芯。敷设方式有穿 PVC 管墙内敷设、地板下敷设、天棚内敷设及线槽敷设等等。

1. 绝缘导线明线敷设

室内明线敷设的导线应采用护套线，护套线可用于室内及室外，抗腐蚀性能力强，价格较低，敷设方便，照明线路应用较多，受到线径限制，大功率设备不能采用。护套线安装应满足以下规定：

（1）护套线在使用时，截面应满足表 5 - 2 - 6 要求。

（2）护套线的连接可使用接线盒，也可借助电气设备的接线端子连接，每一端子接线不宜超过两条。如果不使用接线盒，导线接头处应做良好的绝缘处理。

表 5 - 2 - 6　护套线使用截面要求

导体材料	室内		室外	
	最小截面/mm²	最大截面/mm²	最小截面/mm²	最大截面/mm²
铜	0.5	6	1.0	—
铝	1.5	6	2.5	—

（3）护套线的固定一般使用线卡，线卡的形状有圆形和矩形。线卡的固定又分为利用钢钉固定和利用胶固定两种。利用钢钉固定的线卡在施工时应注意锤子敲击的角度应与钢钉成一条直线，防止铁锤打偏造成线卡及墙面损坏。固定距离直线处为 0.15～0.3m，转弯处两端需加密固定，穿墙、入线管及十字交叉线处均应进行固定。

（4）护套线在转弯处布设应保持垂直，弯曲处应成圆角，禁止弯成直角，防止导线损坏及加速弯折处导线绝缘层老化。弯曲半径为导线直径或宽度的 3～4 倍为宜。

（5）护套线的敷设距地面高度不低于 0.15m。绝缘导线室内水平敷设距地面高度不低于 2.5m，垂直敷设不低于 1.8m，室外敷设均不低于 2.7m，小于以上数值需穿套管保护。

（6）护套线禁止直接敷设在墙面内而不使用套管。可以直接敷设在空芯楼板中。

2. 穿管布线

穿管布线是把绝缘导线穿在管内的布线方法。具有防潮、防腐及导线不易受到机械损伤的特点。缺点是施工和维修不便，造价较高。适用于照明和动力线路布线。

常用线管的种类有 PVC 管和钢管，地震台站使用 PVC 管较多，钢管在室内布线时使用较少。线管敷设的方法有明敷和暗敷两种。明敷时线管外露，敷设时要求横平竖直，转弯处使用弯头，根据管的规格选用对应的带钢钉线卡固定在墙面上。暗敷在地震台站应用较多，一般在建筑物土建施工时完成。首先确定接线盒位置，再计算线管的长度，线管布设到墙内，线管选择时应注意管径及数量满足导线需求。穿管布线还需满足以下要求：

（1）穿管布设的绝缘导线电压等级不低于500V，交流电源线最小导线截面为铜芯不低于1mm²，铝芯的不低于2.5mm²。

（2）3根以上导线在一根线管中时，其截面积（包含绝缘层）之和不超过线管截面积的40%。两根导线在一根线管中时，线管内径不小于两根导线直径之和的1.35倍。

（3）线管转弯处其曲率半径应符合：明敷时不小于线管直径的4倍，暗敷时为6倍，混凝土中为10倍。

（4）穿管布线线路不宜过长。没有弯时，长度不超过30m；一个弯时为20m；两个弯时为15m；三个弯时为8m，上述弯为90°～120°。两个120°～150°的弯相当于一个90°～120°的弯，线路过长时可加装拉线盒或增加管径。

（5）除了直流电源线外，钢管中不允许穿入单根导线以及用多芯导线并联作单根导线使用。交流线路的相线和中性线应在同一管内。互为备份的两条线路不得共管敷设。

（6）当同一线管中有几个回路时，所有导线的绝缘电压不低于电路中的最高工作电压。

3. 线槽布线

线槽在布线中应用广泛、施工方便、价格低廉。线槽按材质可分为塑料（PVC）线槽和金属线槽等。

1）塑料线槽布线

塑料线槽适用于干燥的环境及不易遭到破坏的室内场所。塑料线槽应选择不易燃烧材料。

（1）塑料线槽的敷设位置，可以沿顶棚墙角或踢脚线上方。确定线槽走向及接线盒、终端盒等的位置并做好标记。线槽的布设应横平竖直、规范、美观。

（2）线槽固定点间距由线槽规格决定，固定点最大间距：20～40mm为不大于0.8m；60mm为不大于1.0m；80～120mm为不大于0.8m。

（3）线槽规格根据导线规格及数量进行选取，各个导线截面积之和不超过线槽截面积的1/5，导线数量不超过30根。线槽在转角处应使用阴、阳角，线路分支处使用三通，终端处使用开关盒及接线盒等。

（4）线槽内不应有导线接头，导线的连接应在接线盒内进行；强弱电线路不要敷设在同一线槽内。施工时，环境温度不可过低，影响导体敷设。线槽固定完毕，导线敷设完成后固定盖板。

2）金属线槽布线

金属线槽适用于干燥环境及不易受到外力破坏的室内明配线使用，也可用于吊顶内线路的暗配线。潮湿及有腐蚀性场所不宜使用。

（1）根据施工图纸确定线槽的安装位置并做好标记，对线槽进行逐根安装连接、固定，并根据实际情况安装转角、三通、接线盒、终端盒等部件。

（2）线槽固定，当线槽宽度小于100mm时，每一固定点可选在线槽中线位置固定；当线槽宽度大于100mm时，每一固定点需采用两点并列固定。

（3）同一回路的相线与中性线宜敷设在同一线槽内，无防干扰要求的线路可敷设在同一线槽内。但强电及弱电线路应分开敷设，消防专用线路单独敷设。

（4）线槽内包含绝缘层的导线总截面积不应超过线槽截面积的 1/5，载流导线数量不宜超过 30 根。控制线及信号线的截面积不应超过线槽截面积的 1/2，数量不做要求。

（5）线槽内导线不宜有接头，以免破坏受潮或接头处绝缘破损引起漏电；不是水平敷设的线槽应对线槽内导线进行固定，防止导线移动；当导线要穿过楼板或墙壁时，应将导线完整穿过线孔，不可在此处进行接线。

（6）从线槽引出的线路可使用金属管、金属软管及塑料管等，线槽出口处应光滑对导线做必要的保护，防止导线绝缘层损坏。

4. 插座安装

1）插座安装要求

（1）明装插座距离地面高度应不低于 1.8m；暗装插座距地面不低于 0.3m。

（2）山洞等潮湿场所应注意做好插座的防潮、防漏电的保护工作。

（3）机房内地面插座应做好绝缘保护工作，暗装插座面板不可明接，防止发生漏电安全事故；潮湿场所应使用密封性好的防水防溅插座，安全性要求高的场所应设置安全插座。

2）插座接线方法

（1）插座导线使用单股纯铜国标 BV 线。

（2）插座导线截面应满足负荷电流要求，无明确要求的插座导线截面不小于 2.5mm^2，PE 线截面一般和相线及中性线截面相同，最低不低于 1.5mm^2。

（3）导线顺序不可接错，严格按插座上的标识接线，单相插座"L"接火线，"N"接零线，"E"接地线。面向插座插孔为"左零、右火、中间地线（PE 线）"。

（4）三相四线插座为"左 L_1、下 L_2、右 L_3、上地线（PE 线）"。

5.3　地震台站配电技术系统雷害防护

5.3.1　地震台站配电技术系统雷害防护要求

配电技术系统是雷电入侵最主要的渠道之一，它是地震台站综合防雷极为重要的一环。地震监测仪器要求一年 365 天，一天 24 小时不间断的连续、稳定、可靠供电。地震台网因供电、雷击系统故障引起的中断记录时间占总中断记录时间的 30%～50%，可见配电系统雷害防护的重要性。

调研获悉，台站供电存在诸多问题：首先是低压交流电比较多是架空明线未经理地处理进入台站，容易感应雷害，损毁仪器设备；其次，低压交流电防护级数不够，未能充分降低分散雷电波的过电压和过电流而造成观测系统的危害；另外，供电系统接地问题比较混乱，造成感应雷电流泄放不畅通，引起地反击。

地震台站配电技术系统雷害防护要求：正确选取配电制式，从而确定供电系统的接地方式；地震台站配电系统要进行多级防护设计；为了保证防范雷害的效果，对电源防雷器、电源防雷插座的接地、残压等也要有相应的要求。

5.3.1.1　地震台站配电制式与系统接地方式的选取

地震台站采用交流、工频 1000V 以下的低压配电系统。地震台站应根据低压配电系统和电气设备不同的接地组合选取 TN - S 配电制式或 TT 配电制式。有关低压配电及其配电制式参考 GB 50052 - 2009 和 GB 50054 - 2011 规定。当地震台站自设变压器时宜采用 TN - S 制式，而低压直接配电时宜采用 TT 制式（见 5.1.3 节）。

1. TN - S 配电制式

TN - S 配电制式是三相五线制，零线与 PE 线分开，图示参见图 5 - 1 - 2。

当选用 TN - S 系统工作时，其 PE 线上正常情况下是没有电流通过，即 PE 线对地没有电压，所以电气设备外露可导电部分是安全可靠的。系统的中性线只是作为负载的回路使用，当中性线断路时，将造成三相负荷不平衡，电位升高，但由于其 N 线与 PE 线是分开的，此时电气设备外露可导电部分与 PE 线仍然不带电。

由于 TN - S 系统的可靠性高，这种系统多用于环境条件较差、对安全可靠性要求高及用电设备对电磁干扰要求较严的场所，因此，比较适合大多数地震台站监测系统的供电。这里要注意 TN - S 系统的 PE 线是不可以断线的，但 PE 线可以重复接地，而中性线不可以重复接地。所以，要求除电源端中性点接地外，负载端进行重复接地是必要的。

2. TT 配电制式

TT 配电制式中，系统的电源中性点直接接地，中性点只引出一根中性线（N 线），电气设备的可导电的金属外壳在负载端用单独的接地极直接接地，这个接地是独立于电源端接地而存在的，与电源在接地上无电气联系，图示参见图 5 - 1 - 5 所示。

由于 TT 系统的中性线（N 线）与保护线（PE 线）没有电气方面的联系，因此，正常情况下中性线上有电流，保护线上是没有电流的。电气设备外露可导电部分不带电，故障时电气设备外壳带电也不会传遍整个系统，安全性和可靠性比较高。当配合使用灵敏度较高的漏电保护装置，能够有效地保护人身安全，适合于精密电子仪器及对于防火、防爆要求较高的场合使用，对低压直接配电的地震台站也比较合适使用。

TT 系统可以从就近的接地引出 PE 线，不依赖于等电位来消除 PE 线上的故障电流。由于 TT 系统的接地点就在负载附近，容易查看，断线的概率就变得很小，也容易发现。但 TT 系统在电气设备负载端需另外接地，接地施工需要消耗一些材料，产生一定的费用。

5.3.1.2　交流电源引入

外部交流电源无论直接还是通过自身变压器降压对地震台站进行配电，都应用铠装电缆埋地铺设后引入地震台站总配电室。

1. 铠装电缆的选取

（1）电缆芯数。外部交流电源对地震台站配电，根据电源相数、线数采用五芯（三相五线：A、B、C 三相，零线，PE 线）或三芯（单相三线：火线，零线，PE 线）的铠装电缆。

（2）电缆截面面积。根据地震台站建设规划，考虑用电容量、埋地铺设、留有发展余量等因素，铠装电缆芯线的截面面积不小于 $10mm^2$。

（3）电缆长度。铠装电缆埋于地中的长度应符合式（5－3－1）要求，但长度不应小于 15m：

$$l \geqslant 2\sqrt{\rho} \tag{5－3－1}$$

式中，l 为铠装电缆埋于地中的长度，单位为米（m）；ρ 为埋电缆处的土壤电阻率，单位为欧姆米（$\Omega \cdot$ m）。

这个公式是根据防雷接地体的有效长度延伸最大值（对应于闪击对大地的第一次雷击称作长波头）与最小值（对应于闪击对大地的第一次雷击以后的雷击称作短波头）取平均值经简化后得来的。15m 数值是考虑为架空线杆高 1.5 倍（设杆高一般为 10m）确定。

2. 铠装电缆的埋设

地震台站低压交流配电，用铠装电缆埋地铺设后引入地震台站总配电室是行之有效的措施，确实对减轻雷害起了一定作用。因为，铠装电缆的金属外皮起散流接地体的作用。当雷电流流经埋地铠装电缆的首端时，一部分经首端接地电阻入地，一部分流经电缆。由于雷电流属于高频，产生集肤效应，流经电缆的电流被排挤到外导体上，由金属外皮入地。另外，流经外导体的雷电流将在电缆的芯线上产生感应反电动势，从理论上分析，没有集肤效应下将使流经芯线的电流趋向于零。因此，铠装电缆金属层两端均应接地是非常必要的。

交流电用铠装电缆埋地铺设后引入地震台站总配电室，其铠装电缆的埋设应符合以下要求：

（1）铠装电缆埋地深度不应小于 0.7m，在农田里埋地深度不应小于 1m；在高寒地区，铠装电缆应埋设于冻土层以下。

（2）铠装电缆上下应均匀铺设细砂层，其厚度宜为 100mm，在细砂层上应覆盖混凝土保护板等保护层，保护层宽度应超出电缆两侧各 50mm。

（3）铠装电缆穿过易受机械损伤（如重型车碾压）的地段，应套上管壁厚 2.5mm 以上的镀锌钢管。

5.3.2 配电技术系统的多级防护设计

电源是雷电入侵最主要的渠道之一，正确的电源多级防护设计是将雷害拒于建筑物和仪器设备之外的关键。因此，可在用电设备端并联多级放电通道，逐级降低电磁脉冲强度，即逐级降低放电残压与放电电流，使到达设备的电压与电流控制在用电设备能承受的范围，保障设备不被损坏或在雷击过程中设备能正常工作。

地震台站配电系统的防护应在总配电处、分配电处、稳压电源或不间断电源（UPS）前端、地震观测仪器设备前端，分级进行防雷设计。

5.3.2.1 有人值守地震台站多极防护设计

1. 第一级交流电源防雷

总配电处应设计第一级交流电源防雷，安装标称放电电流不小于 80kA（8/20μs）电流波，即波头时间为 8μs、半峰值时间为 20μs 的标称放电电流，下同。注：波头时间指从

10%峰值上升到90%峰值的时间；半峰值时间指从波头开始点到波尾降至50%峰值的时间。

2. 第二级交流电源防雷

分配电处应设计第二级交流电源防雷，安装标称放电电流不小于40kA（8/20μs）的电源防雷器。

3. 第三级交流电源防雷

稳压电源或不间断电源（UPS）配电输入处设计第三级交流电源防雷，安装标称放电电流不小于20kA（8/20μs）的电源防雷插座。

4. 第四级交流电源防雷

地震观测仪器设备的电源输入处设计第四级交流电源防雷，安装标称放电电流不小于10kA（8/20μs）的电源防雷插座。

有人值守地震台站的第一、二级电源防雷器安装位置相距不应少于5m，这是因为在电源线路中安装了多级电源防雷器，由于各级电源防雷器的标称导通电压和标称导通电流不同、安装方式位置及接线长短的差异，导致出现能量配合不当，产生某级电源防雷器不能动作的盲点问题。为了保证雷电沿电源线路侵入时，各级电源防雷器都能分级启动泄流，避免出现盲点，两级之间必须有一定距离（即要有一定的感抗或加装退耦元件）来满足避免盲点的要求。从保证快速泄放雷电流的要求，电源防雷器的连接线长度不应超过1m，截面面积不应小于10mm^2，并且应使用线耳连接。

有人值守地震台站低压配电布线防雷设计示意图，见图5-3-1所示。

5.3.2.2 无人值守地震台站（含单点的流体台和测震台）多级防护设计

无人值守的地震台站（含单点的流体台和测震台）按照不少于三级防雷要求进行设计，其示意图见图5-3-2所示。

1. 第一级交流电源防雷

外部低压交流电直接进入到观测房，应在观测房配电处设计第一级交流电源防雷，安装标称放电电流不小于80kA（8/20μs）的电源防雷器。

2. 第二级与第三级交流电源防雷

第二级与第三级电源防雷应采用标称放电电流不小于10kA（8/20μs）的防雷插座，地震观测仪器设备的电源输入插头应插在最后一级的防雷插座上。

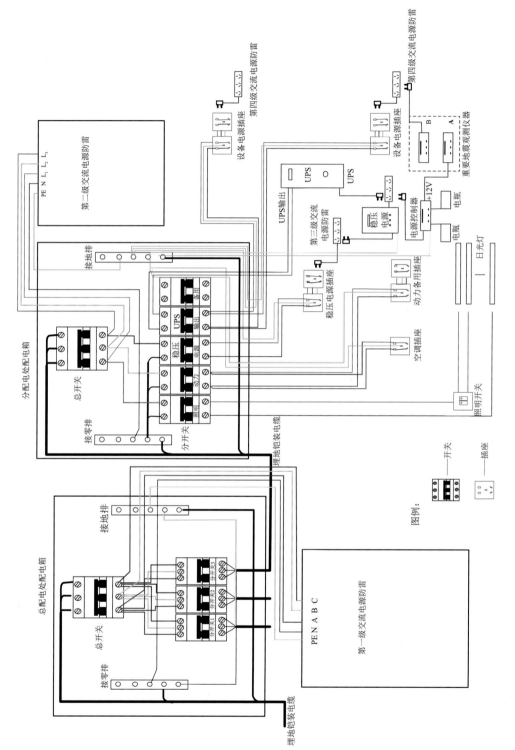

图5-3-1　有人值守地震台低压配电布线防雷设计示意图

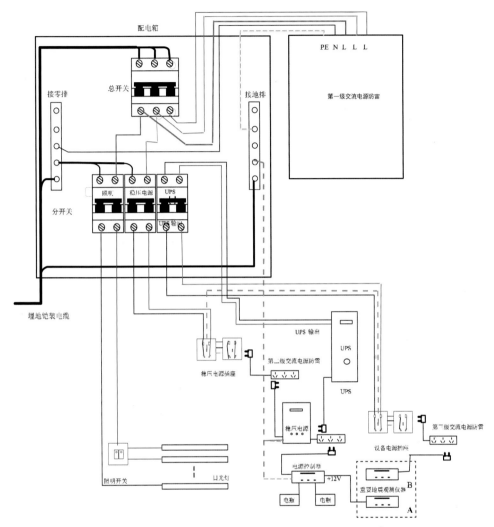

图 5 - 3 - 2　无人值守地震台低压配电布线防雷设计示意图

5.3.3　法拉第笼金属结构

5.3.3.1　法拉第笼作用

法拉第笼金属结构，其钢筋通过焊接和绑扎，能形成多个闭合的电气通路，将阻止雷电进入建筑物内部。当雷电直接击到作为接闪器的建筑物的上部金属件钢筋网时，冲击电流经过建筑物外的表面形成电气屏幕。当冲击电流流向建筑物中心时，被由屏幕在闭合金属导电框架中产生的感应电流所抑制。

电气屏幕所产生的感应电压降将伴生一个围绕整个建筑物结构的磁场。这个磁场包围着建筑物内部的其他垂直导体，并在顶部和底部感应出相等的电压，因此电气屏幕上任何一个垂直导体与建筑物内部的垂直导体的电位差很小，因此建立安全的法拉第笼是防雷的好措施。

地震台站无人值守的观测房、摆房、井房等的建筑面积不太大，采用法拉第笼金属结构，利用其形成的多个闭合电气通路和电气屏幕，将有效防止雷电的危害。

5.3.3.2 法拉第笼结构设计

法拉第笼结构设计示意图见图5-3-3所示。

（1）房顶用直径不小于8mm的镀锌圆钢，围成网格，见图5-3-3中"房顶"所示。

（2）房顶外圈四周间隔30cm，垂直方向焊接出高15cm的一截圆钢。

（3）在外圈的四个角用4mm×40mm的扁铜，或镀锌扁钢作为引下线，将"房顶"所示的防护装置与避雷地网相连接。

（4）离观测房外墙1m外挖沟，间隔5m打入用50mm×50mm×5mm角钢做的长度为2.5m的垂直接地体，接地体的上端距地面不应小于0.7m；用4mm×40mm的扁铜，或镀锌扁钢将垂直接地体连接成网，见图5-3-3中"避雷地网"所示。

（5）所有焊接处均采用搭接焊牢固，焊接长度为扁铜（钢）宽度的2倍，焊接面不应少于3个棱边，并且做好防锈处理；室内设接地排，接地排与避雷地网连接。

（6）若地网接地电阻大于4Ω，需增加外延接地极，即距5m外再挖沟加做一圈接地，或添加长效降阻剂来降低接地电阻，达到规定值。

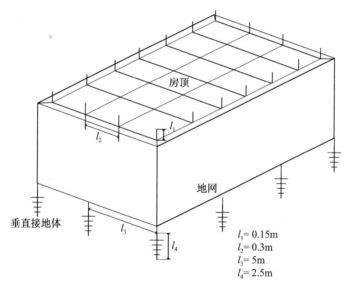

房顶

地网

垂直接地体

l_1 = 0.15m
l_2 = 0.3m
l_3 = 5m
l_4 = 2.5m

图5-3-3 法拉第笼结构设计示意图

5.3.4 其他要求

5.3.4.1 配电处与配电箱

（1）配电处的位置宜靠近用电负荷中心，设置在灰尘少、腐蚀性介质少、干燥和震动轻微的地方。

（2）配电处设配电箱，见图5-3-1、图5-3-2，安装在房内距地面高1.5m左右的墙上。

（3）从外部引来的相线、零线与地线均应先进入配电箱，配电箱内设接零排与接地排。

（4）位于山洞内的配电箱应安装在山洞入口处。

（5）配电箱内设总开关（空气开关），根据需要可下设照明、动力、稳压电源、UPS输出、备用等多路分开关，并分别做好标记。开关的容量与规格视负载确定；使用三相电的台站，应根据用电量做好三相平衡。

（6）各独立建筑物内的观测房应分别从地震台站总配电处铺设独立配电电缆并设独立的配电箱。观测房在同一座建筑物内，但分多个房间时可只设一个配电箱；山洞内（含观测房在山洞口）只设一个配电箱和一条配电电缆（如山洞深度超过100m，则铠装电缆配电线应适当增加截面面积）。

5.3.4.2　具体配电

（1）从配电箱内设总开关的稳压电源分开关处引出两个（1主用1备用）10A电流的电源插座，配接电源防雷插座后供给交流稳压电源使用。

（2）交流稳压电源的输出给UPS配电，UPS的输出为地震观测仪器设备供电，UPS的输出端设置电源防雷插座若干（数量视室内地震观测仪器设备多少而定），插座电流宜选用10A以上。

（3）重要的地震观测仪器设备可采用交流、直流自动切换配电，并配足额定容量免维护电瓶和自动转换充电装置。

（4）重要地震观测仪器宜用直流电瓶供电，用两组电瓶，并配自动切换电源控制器，保持不会断电。具体应用：

①图5-3-1和图5-3-2中"重要地震观测仪器"脱离交流供电，用电瓶供电，则将"电源控制器"的电源输入插头接到稳压电源输出端上，将"电源控制器"的输出直流12V电源接到"重要地震观测仪器"，即可正常工作，接法见图中的"A"处；

②图5-3-1和图5-3-2中"重要地震观测仪器"不用电瓶供电，则将"重要地震观测仪器"电源输入插头接到"设备电源插座"后的"第四级（图5-3-2为第三级）交流电源防雷插座"上，"重要地震观测仪器"可正常工作，接法见图中的"B"处。

（5）观测房内照明电路应单独设置，由独立的开关控制。山洞内房间各设一个照明开关。所有照明电路均从配电箱的照明开关处铺设配电线到各控制开关供照明使用。

（6）观测房设空调电源插座，插座电流16A以上，直接从配电箱的动力开关配电。

（7）在观测房内空闲处分别设两个临时用电备用的电源插座，插座电流16A。从配电箱的动力开关配电。电源插座安装在距地面高0.3m左右处。

（8）所有电源插座都选择"二三插座"，配电线路应分三色，火线配红色，零线配黑色，地线配交替的绿、黄色。导线截面面积选取及接法应符合以下要求：

①空调及动力配电线用截面面积6mm² 的铜导线。

②仪器设备配电线用截面面积4mm² 的铜导线。

③照明配电线用截面面积2.5mm² 的铜导线。

④插座接线应按照"左零右火"的原则。

（9）观测房内不应安装其他多余的配电线路，不应混用配电开关、配电线路、配电插座。

（10）在无人值守台观测房内的电源插座宜套上绝缘的保护插头以防止蚊虫爬进插座内，同时做好防潮保护。

（11）当采用发电机作为应急电源时，应采取防止与正常电源并列运行的措施。发电机的安装布设应按相关规定要求做好通风透气、散热制冷、降噪消音等措施。

（12）雷雨前，地震台宜人工或自动关闭仪器及通信设备的交流电源。

5.3.4.3　电源防雷器、防雷插座接地

（1）电源防雷器、电源防雷插座的地线应就近接到接地排。

（2）山洞口的电源防雷器就近接地，山洞内各室的电源防雷插座不必单独引地线，直接插到就近的交流电源插座上，利用交流电源线的保护线 PE 作地线。

（3）电源防雷器应有明确的状态指示，其电源防雷器的残压要求：

①第一级的残压不高于 2000V。

②第二级的残压不高于 1500V。

③第三级、第四级的残压不高于设备额定电压的 1.5~2.2 倍。

5.4　提高供电质量措施

5.4.1　选用稳压电源

稳压电源是为负载提供稳定交流电源或直流电源的电子装置。它包括交流稳压电源和直流稳压电源两大类。

5.4.1.1　稳压电源性能

1. 稳定电压

当电网电压出现波动时，稳压电源会对电压幅值进行补偿，使其稳定。

2. 尖峰抑制

电网有时会出现幅值很高，脉宽很窄的尖脉冲，这种尖峰会击穿耐压较低的电子元件。稳压电源的抗浪涌组件能够对这样的尖脉冲起到很好的抑制作用。

3. 抗电磁干扰

稳压电源的滤波组件能够有效隔离电网对设备的干扰，同时也能有效隔离设备对电网的干扰。

4. 综合保护功能

稳压电源除了最基本的稳定电压功能以外，还具有过压保护、欠压保护、缺相保护、短路过载保护和防雷击能力等保护功能。

5.4.1.2　稳压电源分类及选用

1. 交流稳压电源

随着电子技术的发展，各种电子设备都要求稳定的交流电源供电，电网直接供电已不能

满足需要，交流稳压电源的出现解决了这一问题。常用的交流稳压电源有：

（1）铁磁谐振式的交流稳压器。由饱和扼流圈与相应的电容器组成，具有恒压伏安特性。

（2）磁放大器式的交流稳压器。将磁放大器和自耦变压器串联而成，利用电子线路改变磁放大器的阻抗以稳定输出电压。

（3）滑动式的交流稳压器。通过改变变压器滑动接点位置稳定输出电压。

（4）感应式交流稳压器。靠改变变压器次、初级电压的相位差，使输出交流电压稳定。

（5）晶闸管交流稳压器。用晶闸管作为功率调整元件。稳定度高、反应快且无噪声。但对通信设备和电子设备造成干扰。

（6）几种新型交流稳压电源：补偿式的交流稳压器、数控式和步进式交流稳压器、净化式的交流稳压器等。

2. 直流稳压电源

电子设备由于其技术特性的需求，希望电源电路能够提供持续稳定、满足负载要求的直流电能。提供这种稳定的直流电能的电源就是直流稳压电源，又叫直流稳压器。

常用的直流稳压电源有：

（1）线性型（连续导电式）稳压电源。由工频变压器把单相或三相交流电压变到适当值，然后经整流、滤波，获得不稳定的直流电源，再经稳压电路得到稳定电压（或电流）。

（2）开关型稳压电源。这种电源以改变调整元件（或开关）的通断时间比来调节输出电压，从而达到稳压。

3. 稳压电源的选用

稳压电源种类繁多，按输出电源的类型分有直流稳压电源和交流稳压电源；按稳压电路与负载的连接方式分有串联稳压电源和并联稳压电源；按调整管的工作状态分有线性稳压电源和开关稳压电源；按电路类型分有简单稳压电源和反馈型稳压电源，等等。如此繁多的种类往往让人摸不着头脑，不知道从哪里入手选取。其实应该说这些看似繁多的种类之间是有着一定的层次关系的，只要理清了这个层次关系自然可以根据需要选用电源了。

既然稳压电源种类繁多，那么首先就应该搞清楚需要稳压电源输出的是什么，是输出直流电还是输出交流电。这样按稳压电源的输出类型来划分就很清楚了。

接下来可按使用的电子设备复杂程度和对电源的要求，从稳压电路与负载的连接方式来确定选串联稳压电源还是并联稳压电源；从调整管的工作状态来确定选线性稳压电源还是开关稳压电源；从对电源性能质量要求来确定选用简单稳压电源还是反馈型等复杂的稳压电源。

在电源的应用中，为了取得较高的直流电压，常将直流电源串联使用，这时总电动势为各电源的电动势之和，总内阻也为各电源内电阻之和。由于内阻增大，一般只能用于所需电流强度较小的电路。为了取得较大的电流强度，可以将等电动势的直流电源并联使用，这时总电动势即为单个电源的电动势，总内阻为各电源内电阻的并联值。

5.4.2　应用 UPS

5.4.2.1　UPS 的定义与结构

1. UPS 定义

UPS 的全称是 Uninterruptible Power Supply，意思是不间断电源，是一种储能装置。作用是在停电或市电发生故障时，为所连接的设备提供供电保障。UPS 主要由两部分组成，主机和蓄电池。正常工作时，UPS 将市电进行滤波、稳压等处理，供给负载使用，同时也为所连接的蓄电池充电。当市电中断时，UPS 主机将蓄电池储存的电能逆变、转化为交流电，为电子设备提供连续不断的电能。

UPS 在地震台站使用，不仅为仪器设备提供连续的电能供应，而且能够提高电能质量，可谓一机多能。UPS 主机具有过滤电网中的尖峰脉冲、浪涌及一些谐波干扰等功能，消除或降低市电干扰对地震仪器造成的仪器死机、观测数据曲线失真等情况。

2. UPS 特点

UPS 是为负载提供稳定、连续电源供应的设备，具有如下一些特点：

（1）供电可靠性高。相当于为负载提供了两套供电系统，这两套系统可以实现自动切换，在市电中断时可以自动切换为使用蓄电池的电能，当市电恢复时又自动切换为市电供电，切换时间极短，为毫秒级，不会对负载工作造成任何影响。

（2）供电电源质量好。对市电进行稳压输出，输出电压范围为 220V±5%，输入电压的范围较宽，一般为 180~250V，电源输出频率稳定，波形失真小，可以输出纯净的正弦波。UPS 具有智能化的优势，在市电电压过低时自动切换为蓄电池供电，在电压升高后再切换回市电供电，较好地解决了一些农电地区，电压波动极大，交流稳压器失去作用的问题。

（3）供电效率高。电能损耗小，效率可达 90% 以上。

3. UPS 结构

UPS 由四部分组成：整流器、逆变器、静态开关和蓄电池。

（1）整流器。把市电或发电机的交流电转换为直流电，经过滤波后，为蓄电池和逆变器提供能量。所使用的整流器主有两种，一类是使用晶闸管整流器，另一类是使用二极管与绝缘栅双极晶体管组合型整流器。晶闸管整流器输出容量大，噪声大，适用于大功率 UPS，二极管与绝缘栅双极晶体管组合型整流器噪声低，适用于中小功率 UPS。

（2）逆变器。是将直流电能转化为交流电能的装置。市电经整流后的直流电或蓄电池直流电经逆变后成为电压和频率较稳定的交流电。

（3）静态开关。又称为静止开关，是无触点开关的一种，由两个可控硅并联而成，由逻辑电路控制其断开与闭合。静态开关分为两种：并机型和转换型。并机型主要用于并联市电电源和逆变器或并联多台逆变器。转换型主要用于两路电源的自动切换。

（4）蓄电池。是 UPS 储存电能的装置，由一组或多组蓄电池并联或串联而成。其容量的大小决定了 UPS 应急使用时间的长短。市电正常时，UPS 为电池充电，将电能转化为化学能储存，市电中断时，将化学能转换为电能。

5.4.2.2　UPS 的选择及安装

1. 按电路结构

按 UPS 电路结构可分为三类：后备式 UPS、在线式 UPS 和在线互动式 UPS。

1）后备式 UPS

市电经过滤波电路后直接给负载供电，另一充电回路为蓄电池充电。当市电停电或电压、频率超出其设计范围后，采用蓄电池直流电逆变后为负载供电。对市电没有稳压功能，供电切换时有大约 7ms 的延时，可能会造成某些设备的停机。大部分后备式 UPS 输出波形为方波。价格低廉，适合家庭及小型办公场所使用。受转换开关电流限制，一般功率在 2kV·A 以下。

2）在线式 UPS

市电经过滤波后，分成两个回路，一个回路给电池充电，另一回路经过整流，提供直流电给逆变器，逆变成交流电供给负载。在市电中断或异常时，逆变器由电池供电。无论市电是否正常，逆变器始终处于工作状态，保证不间断输出。其特点是：稳压、稳频输出，基本消除电网一般干扰，输入电压范围宽基本无切换时间，输出波形为正弦波或方波。适合于对电能要求较高的场所，价格较高，功率在 3kV·A 以上 UPS 普遍采用。

3）在线互动式 UPS

在线互动式 UPS 是一种智能化 UPS，由工频变压器、切换继电器、逆变器和滤波器等部分组成。在市电正常时，逆变器处于反向工作状态，给蓄电池充电，市电经过简单的稳压和滤波后提供给负载使用，稳压精度较差，市电上的一些干扰很可能会传递给负载。当市电电压超出 UPS 的额定工作电压时，逆变器将蓄电池的电能逆变为正弦交流电，是质量较高的电能。在线互动式 UPS 是可以满足一般要求的 UPS 电源。

2. 按后备时间

按 UPS 后备时间可分为标准机和长效机。

1）标准机

标准机是在 UPS 主机内部配备小型蓄电池组，受到体积和重量的影响，标准机仅限于中、小功率 UPS，后备时间也较短。多采用 12V、7AH 的蓄电池，几块串联构成蓄电池组，一般功率越高的 UPS 充电电压越高，因此使用的电池数量越多，1kV·A 通常使用 3 块，3kV·A 通常使用 8 块。

2）长效机

长效机需要外接蓄电池组，是地震台站常用的机型。地震台站使用的长效机容量从 1kV·A 到几十 kV·A。容量的选择根据负荷的情况而定，负荷的最大功率一般不超过 UPS 额定功率的 80%，后备时间由蓄电池组的容量决定。

3. 按输入输出类型

UPS 按照输入和输出的方式可分为：单相输入，单相输出；三相输入，三相输出；三相输入，单相输出等几种。小功率 UPS 采用单相输入，单相输出，中大功率 UPS 多采用三相输入，三相输出和三相输入，单相输出。

4. 按功率

UPS 按功率可分为微型 UPS（额定功率不大于 1kV·A）、小型 UPS（1~5kV·A）、中型 UPS（5~30kV·A）和大型 UPS（30~100kV·A）。

5. 按输出波形

UPS 按输出波形可分为正弦波 UPS 和方波 UPS。正弦波输出 UPS 带负载能力较强，可以带感性负载；方波输出 UPS 带负载能力较差，一般不带感性负载。

6. UPS 在地震台站的应用

（1）地震监测仪器设备观测精度高，对电源质量要求较高，应选择在线式、正弦波输出的 UPS。同时，地震监测仪器需要长期连续工作，应选择长效机。UPS 功率选择主要依据仪器、设备情况及负载的功率。后备时间一般按 8h 配备，如果台站经常停电，就需要考虑增加后备时间，根据台站实际情况灵活选择。

（2）高性能的采用超隔离设计的大功率长延时 UPS 可使无论是在逆变运行状态还是在市电旁路运行状态下，始终实现输入、输出电气隔离，能够较好地满足地震台站的使用要求。其突出优点是：从电力线传导来的各种干扰被有效阻断，对此类干扰信号的衰减能力达 120dB 以上；负载零线与大地之间等电位，使接入的设备之间不存在电位差，可有效地消除通常存在的共模干扰，增加设备运行的稳定性和可靠性。

（3）在 UPS 运用时应该注意负载的特性和负荷的大小。一般要求负载特性为纯电阻或电容性，否则，UPS 实际可承受的负载功率将有所下降。UPS 的最大启动负载最好控制在额定输出功率的 80% 以内，而实践证明，将其负载控制在额定输出功率的 30%~60% 范围以内是最佳工作方式。

（4）UPS 在与交流稳压器连用时，应将交流稳压器作为 UPS 的输入级。对长延时 UPS，为保证蓄电池能得到高效的利用，应选取有恒流充电特性的改进型充电器。若配用小型柴油发电机时应注意调整 UPS 的交流稳压工作点。

（5）如果要求 UPS 本身具有 100% 的可靠性，必须有备用机，或采用双总线输入+UPS 冗余直接并机供电系统+双总线输出+负载自动切换开关的供电方案，也可采用双变换在线式的 UPS。

（6）蓄电池是 UPS 的心脏，不管 UPS 系统有多么复杂，其性能最终取决于它的蓄电瓶。因此蓄电瓶的容量选择、日常监控管理和维护保养是至关重要的。

蓄电池容量的配置要根据蓄电池实际放电电流和所要求的备用时间来决定，可按式（5-4-1）计算得出：

$$蓄电池容量(Ah) = \frac{蓄电池实际所需放电电流(A)}{蓄电池放电速率(1/h)} \qquad (5-4-1)$$

式中，蓄电池容量（Ah）；

蓄电池实际所需放电电流（A）= 0.75×蓄电池最大放电电流（A）

蓄电池放电速率（1/h）按照蓄电池生产厂家提供的蓄电池放电特性曲线找出蓄电池提供的放电速率（后备时间 $t_1 = 1h$，$C_1 = 0.55$；$t_2 = 2h$，$C_2 = 0.35$；$t_3 = 4h$，$C_3 = 0.20$；$t_4 = 8h$，$C_4 = 0.11$）。

蓄电池最大放电电流（I_{max}）按式（5-4-2）计算：

$$I_{max} = \frac{P cos\Phi}{\eta \cdot N \cdot E_{临界}} \qquad (5-4-2)$$

式中，I_{max} 为蓄电池最大放电电流（A）；P 为 UPS 额定输出功率（W）；$cos\Phi$ 为 UPS 输出功率因素（后备式与在线互动式取 0.5~0.7；在线式取 0.8）；η 为 UPS 逆变效率（取 0.86）；N 为蓄电池中的单体蓄电池数；$E_{临界}$ 为放电时单体蓄电池的临界放电电压（V）。

7. UPS 的安装

1）电池柜的安装

（1）电池柜应选择组装柜，不要选择一体柜。组装柜的运输方便，占用空间小，组装方便，电池安装、连接也方便。

（2）电池柜安装前先确定安装位置。UPS 主机一般摆放在电池柜上，因此，电池柜应靠近负载，地面有良好的承重能力。电池安装后重量很大，电池柜自身基本不可移动，电池柜摆放的位置应考虑各方面因素，确定无碍后，将电池柜安置到位并摆放整齐。

2）蓄电池的安装

（1）检查蓄电池及电池连接线，包括：电池电压、电池连接线数量、线径、端子压接情况、端子规格、电池接线端子规格、电池柜接线端子规格、电池柜与 UPS 主机连接线端子规格等。要求：新电池电压一般在 13V 左右；电池连接线数量、长短满足电池连接需求，一般采用截面不低于 6mm² 的 BVR 线；电池及各种连接线端子规格应匹配，发现不匹配的端子应重新制作或采取解决措施。

（2）检查电池柜规格与电池尺寸及数量是否匹配。电池柜应预留扩容空间，如 6 块电池可选用容纳 8 块电池的电池柜，待将来小幅扩容时可不必更换新柜。

（3）根据 UPS 的直流输入电压和蓄电池的数量确定电池的连接方式。如 1kV·A 的 UPS，直流输入电压 36V，配 6 块 12V、100Ah 的电池，电池的连接方式为：每 3 块电池串联成一组，两组再并联；2kV·A 的 UPS，直流输入电压 96V，配 8 块 12V、100Ah 的电池，电池的连接方式为：8 块电池串联成一组即可；3kV·A 的 UPS，直流输入电压 96V，配 16 块 12V、100Ah 的电池，电池的连接方式为：每 8 块电池串联成一组，两组再并联。

（4）根据电池柜的层数、每层摆放的电池数量、电池柜接线端子位置、电池连接线长度、UPS 主机与电池柜连接线长度、UPS 主机朝向等确定电池的摆放方式、正负极朝向等。可以在纸上画出草图，定好方案后再连接，避免返工。

（5）按照电池连接方案，电池逐块连接。电池组正负极引出线接在电池柜的接线端子处。正极一般先通过一个 1P 空开再与接线端子相连。最后将 UPS 主机电池输入线与电池柜接线端子相连，注意正负极不要接错，一般红线接正极，蓝线接负极。

（6）电池连接过程中应防止短路，连接过程中，可对部分电池连接线端子做绝缘处理。电池接线端子螺丝松紧应适度。

（7）电池串联后的电压可能已经超出安全电压，安装过程中应做好防护，防止触电。

（8）蓄电池连接完毕后应用万用表测量电压值，检测连接是否正确。

3）UPS 主机安装、测试

（1）UPS 主机摆放在电池柜上，插上电池输入线插头。最好不带电接入，先断开电池柜空开，插头插好后再将空开闭合。

（2）交流电源先不连接，按下启动键 3~5s，启动 UPS，待输出灯（OUT）亮起后再接通交流电源，这时输入（IN）灯亮，用万用表测量 UPS 输出电压，确认正常后，连接负载。UPS 的安装工作完成。

（3）如果先接通电源，这时 UPS 工作，输入灯（IN）亮，这时 UPS 并没有启动，需要按下启动键 3~5s，启动 UPS，待输出灯（OUT）亮起，UPS 启动完成。

（4）安装时应注意缩短与蓄电池组连接线的长度，加大连接线的截面面积，减小连线的自感量和压降。

5.4.3　使用电池

电池是化学电源的一种叫法。电池是一种能将化学能直接转变成电能的装置。它通过化学反应，消耗某种化学物质，输出电能。

化学电源使用很广，品种繁多，按照其使用性质可分为三类：干电池、蓄电池、燃料电池。如果按电池中的电解质性质可分为：锂电池、碱性电池、酸性电池、中性电池。

干电池也称一次电池，即电池中的反应物质在进行一次电化学反应放电之后就不能再次使用了。常用的有锌锰干电池、锌汞电池、镁锰干电池等。

蓄电池是可以反复使用、放电后可以充电使活性物质复原、以便再重新放电的电池，也称二次电池。由所用电解质的酸碱性质不同分为酸性蓄电池和碱性蓄电池。

燃料电池与前两类电池的主要差别在于：它不是把还原剂、氧化剂物质全部贮藏在电池内，而是在工作时不断从外界输入氧化剂和还原剂，同时将电极反应产物不断排出电池。燃料电池是直接将燃烧反应的化学能转化为电能的装置，能量转化率高，可达 80% 以上，而一般火电站热机效率仅在 30%~40%。燃料电池具有节约燃料、污染小的特点。

地震台站常用的化学电源是蓄电池，蓄电池是通过可逆的化学反应实现循环充、放电的一种储能装置，放电时将化学能转化为电能，充电时将电能转化为化学能。

地震台站使用的蓄电池分为两种，一种是传统的蓄电池，它需要定期补充蒸馏水，保持电解液具有一定的密度。另一种称为免维护蓄电池，在电池的使用周期内都不需要加蒸馏水。这后一种免维护蓄电池是目前地震台站使用广泛的主要品种。

5.4.3.1　蓄电池的主要性能指标

蓄电池的主要性能包括电动势、额定容量、额定电压、开路电压、内阻、充放电速率、阻抗、寿命和自放电率。

1. 电动势

电动势是两个电极的平衡电极电位之差，以铅酸蓄电池为例，

$$E = \Phi_{+0} - \Phi_{-0} + RT/F * \ln(\alpha_{H_2SO_4}/\alpha_{H_2O})。$$

其中，E 为电动势；Φ_{+0} 为正极标准电极电位，其值为 1.690；Φ_{-0} 为负极标准电极电位，其值为 -0.356；R 为通用气体常数，其值为 8.314；T 为温度，与电池所处温度有关；F 为法拉第常数，其值为 96500；$\alpha_{H_2SO_4}$ 为硫酸的活度，与硫酸浓度有关；α_{H_2O} 为水的活度，与硫酸浓度有关。

从上式中可看出，铅酸蓄电池的标准电动势为 1.690V-（-0.0.356V）= 2.046V，因此蓄电池的标称电压为 2V。铅酸蓄电池的电动势与温度及硫酸浓度有关。

2. 额定容量

在设计规定的条件（如温度、放电率、终止电压等）下，电池能放出的最低容量称为额定容量，单位为安培·小时，以符号 C 表示。容量受放电率的影响较大，所以常在字母 C 的右下角以阿拉伯数字标明放电率，如 $C_{20} = 50$，表明在 20 时率下的容量为 50A·h。电池的理论容量可根据电池反应式中电极活性物质的用量和按法拉第定律计算的活性物质的电化学当量精确求出。由于电池中可能发生的副反应以及设计时的特殊需要，电池的实际容量往往低于理论容量。

3. 额定电压

电池在常温下的典型工作电压，又称标称电压。它是选用不同种类电池时的参考。电池的实际工作电压随不同使用条件而异。电池的开路电压等于正、负电极的平衡电极电势之差。它只与电极活性物质的种类有关，而与活性物质的数量无关。电池电压本质上是直流电压，但在某些特殊条件下，电极反应所引起的金属晶体或某些成相相膜的相变会造成电压的微小波动，这种现象称为噪声。波动的幅度很小但频率范围很宽，故可与电路中自激噪声相区别。

4. 开路电压

电池在开路状态下的端电压称为开路电压。电池的开路电压等于电池在断路时（即没有电流通过两极时）电池的正极电极电势与负极的电极电势之差。电池的开路电压用 $V_{开}$ 表示，即 $V_{开} = \Phi_+ - \Phi_-$，其中 Φ_+、Φ_- 分别为电池的正负极电极电位。电池的开路电压，一般均小于它的电动势。这是因为电池的两极在电解液溶液中所建立的电极电位，通常并非平衡电极电位，而是稳定电极电位。一般可近似认为电池的开路电压就是电池的电动势。

5. 内阻

电池的内阻是指电流通过电池内部时受到的阻力。它包括欧姆内阻和极化内阻，极化内阻又包括电化学极化内阻和浓差极化内阻。由于内阻的存在，电池的工作电压总是小于电池的电动势或开路电压。电池的内阻不是常数，在充放电过程中随时间不断变化（逐渐变大），这是因为活性物质的组成，电解液的浓度和温度都在不断地改变。欧姆内阻遵守欧姆定律，极化内阻随电流密度增加而增大，但不是线性关系。常随电流密度增大而增加。

内阻是决定电池性能的一个重要指标，它直接影响电池的工作电压，工作电流，输出的能量和功率，对于电池来说，其内阻越小越好。

6. 充放电速率

充放电速率有时率和倍率两种表示法。时率是以充放电时间表示的充放电速率，数值上等于电池的额定容量（A·h）除以规定的充放电电流（A）所得的小时数。倍率是充放电速率的另一种表示法，其数值是时率的倒数。原电池的放电速率是以经过某一个固定电阻放电到终止电压的时间来表示。放电速率对电池性能的影响较大。

7. 阻抗

电池内具有很大的电极—电解质界面面积，故可将电池等效为一大电容与小电阻、电感的串联回路。但实际情况复杂得多，尤其是电池的阻抗随时间和直流电平而变化，所测得的阻抗只对具体的测量状态有效。

8. 寿命

电池寿命有储存寿命和循环寿命之分。储存寿命指从电池制成到开始使用之间允许存放的最长时间，以年为单位，包括储存期和使用期在内的总期限称电池的有效期。储存电池的寿命有干储存寿命和湿储存寿命之分。循环寿命是蓄电池在满足规定条件下所能达到的最大充放电循环次数。在规定循环寿命时必须同时规定充放电循环试验的制度，包括充放电速率、放电深度和环境温度范围等。

9. 自放电率

电池在存放过程中电容量自行损失的速率叫自放电率。用单位储存时间内自放电损失的容量占储存前容量的百分数表示。

5.4.3.2　电池的使用与维护

1. 电池充电

不同电池各有特性，必须依照厂商说明书指示的方法进行充电。电气设备在待机备用状态下也要耗费电池，如果要进行快速充电，宜先将电气设备关闭或把电池拆下进行充电。

当快速充电时，有些自动化的智能型快速充电器其指示灯信号转变时，只表示充满了90%，充电器会自动改用慢速充电将电池完全充满。最好将电池完全充满后使用，否则会缩短使用时间。

2. 电池记忆效应

如果电池是属于镍镉电池，长期不彻底充、放电，会在电池内留下痕迹，降低电池容量，这种现象被称为电池记忆效应。定期消除记忆的方法是把电池完全放电，然后重新充满。放电可利用放电器或具有放电功能的充电器，也可以利用电气设备待机备用模式，如要加速放电可把显示屏照明灯打开。要确保电池能重新充满，应依照说明书的指示来控制时间，重复充、放电 2~3 次。

3. 电池的储存

电池可贮存在环境温度为-5~35°C，相对湿度不大于 75% 的清洁、干燥、通风的室内，应避免与腐蚀性物质接触，远离火源及热源。电池电量保持标称容量的 30% 到 50%。推荐贮存的电池每 6 个月充电一次。

4. 直流铅酸蓄电池的维护

铅酸蓄电池是目前应用最广泛的蓄电池。它的特点是电动势高、容量大、转换效率高、供电方便可靠、造价低等。铅酸蓄电池有固定型和移动型之分。固定型蓄电池一般用在变配电站、邮电通信领域、工矿企业和医疗等单位作为备用电源。移动型蓄电池一般用在车辆、船舶、小型移动电站等设备中。铅酸蓄电池是二次电池，可以反复使用，放电后可以通过充电使活性物质复原，以便再重新放电，其中，电解液起关键作用。

电解液必须以化学纯硫酸与蒸馏水配制而成。电解液在加入蓄电池时，其温度应控制在21～32℃电解液相对密度的高低应根据使用地区的气温而定。配制电解液时，应将硫酸缓缓倒入蒸馏水中，而不可将蒸馏水倒入硫酸中，以免硫酸溅出伤害人体和腐蚀设备。电解液注入蓄电池后，需测量电解液的高度，一般为10～15mm。然后将蓄电池静置3～6h，待电解液温度低于35℃时才能充电。

蓄电池的充电是将蓄电池导线插在充电机上，蓄电池与充电机的正极与正极相接，负极与负极相接，就可以充电了。充电过程中，蓄电池单格电压上升2.4V时，电解液会出现较多的气泡，这时应将充电电流减半。充电结束后，要进行放电试验，以免出现硫化损坏的蓄电池。所以充电前要观察蓄电池，若有硫化物沉凝时，应予更换。蓄电池电解液为强酸，应避免溅到皮肤、眼睛或衣服上。

5. 免维护电池的维护

免维护电池的维护已不是过去铅酸蓄电池那样的不安全又易污染的充放电维护，而是由电源控制器自动控制充放电。其充电电压和电流是依据电池电压的高低来选取电压的高低和电流的大小。

5.4.4　自备柴油发电机

地震台站自备柴油发电机是作为应急备用电源来使用。常用的柴油发电机组（简称机组）是以柴油机为动力，拖动工频交流同步发电机组成的发电设备。它具有结构紧凑、占地面积小、热效率高、启动迅速、燃料存储方便等特点得到广泛应用。

我国使用的柴油发电机组的供电参数为输电电压230～400V，频率50Hz，功率因数$\cos U = 0.8$，机组转速一般为1500或1000r/min。随着科学技术的进步，目前新型机组的转速一般都为1500r/min，并具有较完善的自动控制和保护功能。当正常工作电源突然故障停电时，可以在几秒钟内实现应急自启动，向地震监测设备和工程的应急负荷供电，保证地震监测系统和工程的消防报警系统、消防设备、事故照明、疏散照明、电梯、楼宇智能控制和管理系统等应急设备的正常工作。

柴油发电机组主要由柴油机、发电机和控制屏三大部分组成。这些设备可以组装在一个公共底盘上形成移动式柴油发电机组。也可以把柴油机和发电机组装在一个公共底盘上，而控制屏和某些附属设备单独设置，形成固定式柴油发电机组。当采用发电机作为应急电源时，应采取防止与正常电源并列运行的措施。发电机的安装布设应按相关规定要求做好通风透气、散热制冷、降噪消音等措施。

5.4.4.1　柴油发电机的主要特性

1. 负载特性

国家标准规定，柴油机的标定功率，也是柴油机铭牌上标注的功率，是在标准大气状况下连续运行 12h 的最大功率，持续长期运行的功率是标定功率的 90%。国家标准 GB 1105.1—87 规定的标准大气状况为：大气压力 100kPa、环境温度 25℃ （298K）、相对湿度 30%。柴油机是吸入外部空气运行的机械，在非标准大气状况下运行时，大气中的氧气含量不同，其输出功率要按规定进行修正。影响大气状况的主要因素是柴油机工作地点的海拔高度。

2. 柴油机的耗油率

柴油机的耗油率是指柴油机输出每千瓦功率，每小时消耗的燃油量。这是柴油机重要的经济指标。耗油率低也说明这台柴油机的加工精度高、材质优、性能好。

3. 柴油机的调速特性

柴油机都设有调速器，保证其在各种运行工况下转速基本恒定，从而保证机组输出电源的频率基本恒定。柴油机的调速特性取决于柴油机所用调速器的性能。机械式调速器的性能稍差；液压式调速器性能较好，但结构复杂；电子调速器的性能也比较好，但可靠性稍差。

1）柴油机的静态调速特性

柴油机的静态调速特性是指柴油机所带负载由空载逐渐增加至满载时柴油机转速的变化。一般控制在额定转速的 5% 以下，调节过程不得出现振荡。

2）柴油机的动态调速特性

柴油机的动态调速特性是指柴油机所带负载由空载突加至满载或由满载突减至空载时柴油机转速的变化特性。动态调速特性的重要参数有：瞬时调速率——机组转速的最大变化值与机组额定转速之比；稳定时间——机组转速自过渡过程开始直至重新稳定在允许偏差范围内所经历的时间。机组瞬时最高转速不得引起机组的超速保护动作，稳定时间一般为 5~7s。

4. 发电机的调压特性

发电机的调压特性是发电机的自动电压调节装置在各种工况下调节发电机输出电压的性能。发电机的输出电压应保持基本恒定。

1）发电机的静态调压特性

发电机的静态调压特性是发电机的负载由空载逐渐增加至满载时其输出电压的变化（一般为额定电压的±3%），以及发电机在满载时由冷态至热态其输出电压的变化（一般不大于额定电压的 2%）。

2）发电机的动态调压特性

发电机的动态调压特性是发电机的负载由空载突加至满载或由满载突减至空载时发电机输出电压的最大波动值和稳定时间，以及发电机直接启动一定容量的鼠笼电动机时其输出电压的最大波动值和稳定时间。最大波动的高值不得引起过电压保护动作，低值不得引起电磁操作设备跳闸和低电压保护动作。稳定时间一般为 1~3s。

5.4.4.2 柴油发电机的选择

1. 机组容量的确定

1）应急供电的负荷容量

目前规范中把工程中需要供电的负荷按出现故障中断供电时对工程的影响分为一、二、三级负荷。需要应急供电的负荷是影响程度最大的一级负荷和部分二级负荷，如地震监测系统和工程的消防报警系统、消防设备、事故和疏散照明、通信系统和管理控制系统等。初步设计时，应急柴油发电机容量按电源变压器总容量的 10%~20%（实际应用取 15%）进行计算。

2）应急负荷中最大的鼠笼电动机容量

应急柴油发电站的容量一般都比较小，较大的鼠笼电动机如果采用降压启动，其启动时间较长，将影响供电网路中其他负荷的正常工作。发电机组有足够大的容量，才能直接启动供电网路中最大的鼠笼电动机。最大单台电动机容量与发电机额定容量之比不宜大于 25%。

3）应急柴油发电站的发电机容量的确定

应急柴油发电站一般设一台机组，机组容量应能保证应急负荷的供电需要，并能直接启动应急负荷中最大容量的鼠笼电动机（即取两项要求中的最大值）。应急机组的运行时间短，机组的输出功率按标定功率经海拔高度修正后的输出功率计算，不必考虑长期运行功率。

2. 机组性能的选择

1）机组转速的选择

柴油发电机组的转速主要取决于柴油机的转速。用于发电的柴油机有高速柴油机和中速柴油机，前者的转速为 1500 和 1000r/min，后者的转速为 750 和 600r/min。高速柴油发电机组单位容积功率大，因此体积小、质量轻，所需厂房面积小，可节省土建投资。但高速柴油机因为转速高，其运动部件磨损大，寿命短，并需要品质较好的燃料。对于应急电站，应优先选用高速柴油发电机组。

2）发电机结构及励磁方式的选择

（1）发电机结构的选择：

柴油发电机组配用的发电机为卧式结构的交流同步发电机。

带直流励磁机的发电机，其直流励磁机有换相器和碳刷，故障率高。自激恒压发电机是自大功率半导体整流二极管问世后研制的机型，取消了容易发生故障的直流励磁机，是目前较常用的机型。但这种机型仍有碳刷和集电环，运行可靠性仍存在一定问题。

无刷励磁发电机是近年来发展的新型发电机，彻底取消了各种碳刷，运行可靠。但其制造工艺要求高，且要求旋转整流二极管的品质要好，目前价格较高。在投资允许的情况下，应优先选用无刷励磁发电机。

（2）励磁方式的选择：

交流同步发电机常用的励磁方式有磁放大器式、可控硅式、相复励式、三次谐波式等。磁放大器式调压器是与带直流励磁机的发电机配套使用的。可控硅（也称为晶闸管）

调压设备体积小、质量轻、调压精度高，但强励特性受可控硅元件质量影响。可控硅自激恒压发电系统中，由于电压波形有畸变，对通信等弱电系统有干扰，在供电系统中有通信等弱电负载的工程不宜选用。

相复励调压又有可控相复励调压和不可控的相复励调压两种。相复励调压装置可靠性高，过载能力强，技术性能可满足大部分用户的要求。其缺点是体积大，比较笨重。这种励磁调压方式在实际工程中应用较多。

三次谐波励磁的励磁速度快，倍数高，动态特性好，直接启动鼠笼电动机的能力强，结构简单，体积小，质量轻。但静态调压率差，不宜并联运行。目前只在部分小型柴油发电机组中应用。

3）机组自动化功能的选择

机组自动化功能包括自动操作、自动调节、故障自动保护等。

（1）应急机组应具有的自动化功能

应急机组除应具有应急自启动、自动停机和故障自动保护等单机自动化功能外，还应保持机组处于准备启动状态。当市电源突然故障停电时，应急机组在 10s 左右自动启动，供电主开关自动合闸向应急负荷供电。市电源恢复供电时，应急负荷自动切换至市电源供电，运行的应急机组经一段时间冷却后自动停机。机组的运行故障自动保护有机组超速、润滑油压过低、冷却水温过高、发电机过载、供电网络短路等。

（2）台站的自动化功能

单机运行的台站，为改善台站的工作环境，应实现台站的远方或隔室对机房内的机组实施启动、停机、调速、分合主开关等操作和主要运行参数的监视。

4）柴油机的海拔功率修正

当柴油机工作地点的大气状况与标准状况不符时，其输出功率应按规定进行修正。如海拔为 2000m、环境温度为 30℃、相对湿度为 60% 时修正系数为 0.71，即此时柴油机的输出功率为标定功率的 71%。

6　地网与接地技术

从防雷的角度讲，接地是防雷技术最重要的环节，不管直击雷、感应雷或其他形式的雷，最终都是把雷电流送入大地，合理而良好的地网与接地技术是可靠防雷的保证。

6.1　接 地 概 念

6.1.1　接地基础概念

将电力系统或电气装置的某一部分经接地线连接到接地装置上称为"接地"。"电气装置"是一定空间中若干相互连接的电气设备的组合。"电力系统"是发电、变电、输电、配电或用电的任何设备，例如电机、变压器、电器、测量仪表、保护装置、布线材料等。电力系统中接地的一点一般是中性点，也可能是相线上某一点。电气装置的接地部分则为外露导电部分。"外露导电部分"为电气装置中可以被触及的导电部分，在正常情况下不带电，但在发生故障时可能带电，一般指金属外壳。为了安全保护的需要，将装置外导电部分与接地线相连进行接地。装置的外部导电部分，不属于电气装置，一般是水、暖、煤气、空调的金属管道以及建筑物的金属结构。外部导电部分可能引入电位，一般是地电位。接地线是连接到接地极的导线。接地装置是接地极与接地线的总称。

6.1.2　接地的作用

接地的作用总的来说有两种：保护接地和工作接地。保护人和设备不受损害叫保护接地；抑制干扰接地叫工作接地。

保护接地：是将分布式控制系统（DCS）中平时不带电的金属外壳与地之间形成良好的导电连接，以保护人身和设备的安全。DCS 是强电供电，机壳是不带电的，当发生故障（如主机电源故障或其他故障）造成供电火线与外壳等导电金属部件连通时，这些外壳或金属部件就形成了带电体，人如果不小心触到这些带电体，就会产生危险。因此，必须将外壳或金属部件和地之间作很好地连接，促使机壳和地形成等电位。此外，保护接地还可以防止静电的积聚。

工作接地：是使 DCS 以及与之相连的仪器仪表均能可靠运行，并保证运行和控制精度而设的接地。它分为：机器逻辑接地、信号接地、屏蔽接地，在石化及其他防爆系统中还有本安接地。机器逻辑接地，也叫主机电源接地，是设备内部的逻辑电平负端公共地，也是正电源的输出地。信号接地，是指各变送器的负端接地，输入输出信号及开关量信号的负端接地等。屏蔽接地，是指模拟信号的屏蔽层接地。本安接地，是将本安仪表或安全栅安全接地，这种接地除了抑制干扰外，还是使仪表和系统具有本质安全的措施之一。

6.1.3　接地系统的组成

接地系统由接地体和接地线组成。直接接触土壤的金属导体称为接地体。接地点与接地体之间相连接的金属导体称为接地线。接地体分为自然接地体和人工接地体两类。

自然接地体有：①埋在地下的自来水管及其他金属管道（液体燃料和易燃、易爆气体的管道除外）；②金属井管；③建筑物和构筑物与大地接触的或水下的金属结构；④建筑物的钢筋混凝土基础等。

人工接地体由垂直埋置的角钢、圆钢或钢管，以及水平埋置的圆钢、扁钢等组成。当土壤有强烈腐蚀性时，应将接地体表面镀锡或热镀锌，并适当加大截面。水平接地体一般可用直径为 8~10mm 的圆钢。垂直接地体的钢管长度一般为 2~3m，钢管外径为 35~50mm，角钢尺寸一般为 40mm×40mm×4mm 或 50mm×50mm×4mm。人工接地体的顶端应埋入地表面下 0.5~1.5m 处。这个深度以下，土壤电导率受季节影响变动较小，接地电阻稳定，且不易遭受外力破坏。

6.1.4　接地要求

在《计算机场地技术条件》（GB 2887—89）、《计算机房防雷设计规范》（GB 50174—93）和《建筑物电子信息系统防雷技术规范》（GB 50343—2012）中，电子计算机机房应采用下列四种接地方式：①交流工作接地，接地电阻不应大于 4Ω；②安全工作接地，接地电阻不应大于 4Ω；③直流工作接地，接地电阻应按计算机系统具体要求确定；④防雷接地，应按现行国家标准《建筑防雷设计规范》执行。

防雷接地与交流工作接地、安全工作接地、直流工作接地共同使用一组接地装置时，接地装置的接地电阻值不应大于接入设备中要求的最小值。若防雷接地单独使用接地装置时，其余三种接地应共用一组接地装置，但其接地电阻值必须按其中最小值确定，并应按《建筑防雷设计规范》中的相关要求采取防止反击措施。

在《中国地震背景场探测项目》以前建设的地震台站，大多采用两个地网的接地模式，交流工作接地和直流工作接地，接地电阻均不应大于 4Ω；两个地网严格分开，两者之间至少应保持 15m 以上的距离。局限于地震台站的场地，给地网建设增加了不少的难度，难于达到接地电阻不应大于 4Ω 的标准。

《地震台站观测系统布线及防雷技术要求》规定：地震台站内应采用共用接地方式，即：建筑物基础地、仪器设备地、电源地（变压器地）等共用一个地网（各地网连接成一个统一的联合地网）。

保护接地，接地装置是最重要的，它是电气系统保护装置的根本保证，安装和运行中都必须符合接地装置的安全要求。

（1）接地装置的连接应采用焊接，焊接应牢固可靠，无虚焊假焊。连接到设备上的接地线，应用镀锌、不锈钢或铜螺栓连接；螺栓连接处的接触面应平整并镀锡处理；凡用螺栓连接的部位，应有防松装置，以保持良好接触的长久性。

（2）接地装置的焊接应采用搭接焊，其搭接长度必须符合规定：

①扁钢为其宽度的 2 倍，且至少有 3 个棱边焊接。

②圆钢为其直径的 10 倍，且应在圆钢的接触部位双面焊接。

③圆钢与扁钢连接时，其长度为圆钢直径的 10 倍，且应在圆钢接触部位的两面焊接。

④扁钢或圆钢与钢管、扁钢或圆钢与角钢焊接时，为了连接可靠，除应在其接触部位两侧进行焊接外，并将扁钢或圆钢弯成弧形或直角与钢管或角钢焊接。

（3）利用建筑物的金属结构、混凝土结构的钢筋、生产用的钢结构架梁及配线用的钢管、金属管道等作为接地线时，应保证其全长为良好的电气通路，在其伸缩缝、接头及串接部位焊接金属跨接线，金属跨接线的截面积应符合要求。

（4）必须保证接地装置全线畅通并具有良好的导电性，不得有断裂、接触不良或接触电阻超标的现象。接地装置使用的材料必须有足够的机械强度，以免折断或裂开，其导体截面应符合热稳定和机械强度的要求，接地干线应在不同的两点及以上与接地网连接，自然接地体应在不同的两点及以上与接地干线或接地网连接，以保证导电的连续性及可靠性。大接地短路电流电网的接地装置，应校验其发生单相接地短路时的热稳定性，能否承受短路接地电流转换出来的热量而保证稳定而畅通。

（5）必须保证接地装置不受机械损伤，特别是明设的接地装置要有保护措施。与公路、铁路或管道等交叉及其他可能使装置遭受损伤处，均应用钢管或角钢等加以保护。接地线在穿过墙壁、楼板或引出地坪沿墙、沿杆、沿架敷处，均应加装钢管或角钢保护，并涂以 15～100mm 宽度相等的绿色和黄色相间的条纹，以示醒目注意保护。在跨越建筑物的伸缩缝和沉降缝时，必须设置补偿装置。补偿装置可直接使用接地线本身弯成弧状代替。

（6）必须保证装置不受有害物的侵蚀，一般均采用镀锌铁件，凡焊接处均涂以沥青漆防腐，回填土不得有较强的腐蚀性。对腐蚀性较强的土壤，除应将接地线镀锌或镀铜外，还应当增大地线的截面积。因高电阻率土壤的影响而采取化学处理后的土壤，在埋设接地装置时，必须考虑化学物品是否对接地装置有腐蚀作用。

（7）必须保证地下埋设的接地装置与其他物体的允许最小距离。接地体与建筑物的距离不应小于 1.5m；避雷针的接地装置与道路或建筑物的出入口及与墙的距离应大于 3m；接地线沿建筑物的墙壁水平敷设时，一般离地面约 250～340mm，接地线与墙壁的间隙为 10～15mm。垂直接地体的间距一般为其长度的 2 倍，水平敷设时的间距一般为 5m。接地装置的敷设，应远离易燃易爆介质的管道；低压接地装置与高压侧的接地装置应有足够大的距离，否则，中间应加沥青隔层。

（8）接地线不得串联使用，必须并联使用。

（9）接地电阻必须符合要求。

6.1.5　接地技术发展

随着科学技术的进步与生产水平的提高，接地技术也从当初的以扁钢、角钢、圆钢为主要接地体，发展到以铜条、铜带、铜包钢及非金属接地模块为主要接地体，到以空腹式接地极（离子接地极）为代表的综合接地技术，接地方式也从原来的单点接地发展到现在的多点接地的等电位及电磁屏蔽技术。

6.2　接地电阻的定义

6.2.1　接地电阻基本概念

接地电阻是接地体和具有零电阻的远方接地体之间的欧姆电阻，其阻值为接地体的流散电阻、接地线电阻和接地体电阻的总和。

接地电阻值是用来衡量接地装置其状态是否良好的一个重要参数，电流由接地装置流入大地后，再经大地流向另一个接地装置或向远处扩散所遇到的电阻，包括接地线和接地装置本身的电阻、接地装置与大地之间的接触电阻，以及两接地装置之间的大地电阻或接地装置到无限远处的大地电阻。接地电阻值的大小直接体现了电气装置与地之间接触的良好程度，也反映了接地网的规模。接地电阻的概念只适用于小型接地网；随着接地网占地面积的加大以及土壤电阻率的降低，接地阻抗中感性分量的作用越来越大，大型地网应采用接地阻抗设计。

6.2.2　土壤地阻率

土壤电阻率是单位长度的土壤电阻的平均值与截面面积乘积，单位为欧姆·米，是接地工程计算中一个常用的参数，直接影响接地装置接地电阻的大小、地网地面电位分布、接触电压和跨步电压。

土壤电阻率是决定接地体电阻的重要因素，为了合理设计接地装置，必须对土壤的电阻率进行实测。

土壤电阻率有很多种测量方法，如：双回路互感法、地质判定法、线圈法、自感法、偶极法及四极法，四极法所需设备少，操作简单，通过实践检验，其准确性完全能满足工程计算要求，成为一种常用的测量方法。具有四个端头的接地电阻测量仪，均可用于四极法测量土壤的电阻率。

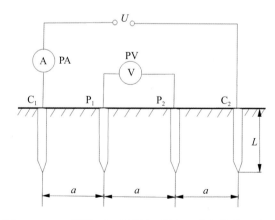

图 6-2-1　采用四极法测量土壤电阻率的接线示意图

由外侧电极 C_1、C_2 通入电流，使内侧电极 P_1、P_2 上出现电压，通过推算可得：

$$\rho = 2\pi a R \qquad (6-2-1)$$

式中，ρ 为土壤电阻率（$\Omega \cdot m$）；a 为电极间的距离（m）；R 为实测土壤电阻（Ω）。

　　当具有四个端头的接地电阻测量仪依照上图接线测得土壤的电阻后，即可按上式计算出当地的土壤电阻率。

　　测量电极可用 4 根直径 2cm 左右、长 0.5~1.0m 的圆钢或钢管作电极，电极间的距离可选 20m 左右，埋深应小于极间距离的 0.05。为了了解土壤的分层情况，应改变 a 值进行多次测量。为使测量结果更准确，应取 3~4 点以上测量数的平均值作为测量值。同时，还要考虑季节变化带来土壤电阻率变化因素。

表 6-2-1　土壤和水的电阻率参考值

类别	名称	电阻率近似值/（$\Omega \cdot m$）
土	陶黏土	10
	泥炭、泥灰岩、沼泽地	20
	黑土、园田土、陶土、白土	50
	黏土	60
	砂质黏土	100
	黄土	200
	含砂黏土、砂土	300
	多石土壤	400
	表层土夹石、下层砾石	600（15%湿度）
砂	砂、砂砾	1000
岩石	砾石、碎石	5000
	多岩山地	5000
	花岗岩	200000
混凝土	在水中	40~55
	在湿土中	100~200
	在干土中	500~1300
	在干燥的大气中	12000~18000
矿	金属矿石	0.1~1
水	海水	1~5
	湖水、池水	30
	泥水、泥炭中的水	15~20
	泉水	40~50
	地下水	20~70
	溪水	50~100
	河水	30~280

土壤电阻率测量应在干燥季节或天气晴朗多日后进行，因此土壤电阻率应是所测的土壤电阻率数据中的最大值，为此应按下式进行季节修订：

$$\rho = \rho_0 \varPsi \qquad (6-2-2)$$

式中，ρ 为土壤电阻率计算值；ρ_0 为实测值；$\varPsi$ 为季节订正系数。

表 6-2-2　季节订正系数

土壤性质	深度/m	$\varPsi_1$（潮湿）	$\varPsi_2$（半干）	$\varPsi_3$（干燥）
黏土	0.5~0.8	3	2	1.5
	0.8~0.3	2	1.5	1.4
陶土	0~2	2.4	1.4	1.2
砂砾盖陶土	0~2	1.8	1.2	1.1
园地	0~3			
黄沙	0~2	2.4	1.6	1.2
杂以黄沙的砂砾	0~2	1.5	1.3	1.2
泥炭	0~2	1.4	1.1	1.0
石灰石	0~2	2.5	1.5	1.2

6.2.3　接地电阻值要求

地震台站采用共用接地方式，地网的接地电阻不宜大于 4Ω。当地网接地电阻大于 4Ω 时，可采取外延增加接地网尺寸、将接地体深埋于低电阻率的土壤中、使用降阻剂、换土等方法使其达到要求。

6.2.4　目前主要行业对接地电阻要求及测量方式

6.2.4.1　建筑物接地电阻的要求

第二类防雷建筑物的防雷措施要求：①每根引下线的接地电阻不大于 10Ω。②避雷器、电缆金属外皮和绝缘子铁脚等应连在一处接地，其冲击接地电阻值不应大于 10Ω。③架空及直接埋地的金属管线在进出建筑物时应就近与接地装置相连接；当不相连时，架空管道应接地，其冲击接地电阻不应大于 10Ω。

第三类防雷建筑物的防雷措施要求：①每根引下线的冲击接地电阻不宜大于 30Ω。②避雷器、钢管、电缆金属屏蔽和绝缘子铁脚等应连在一处接地，其冲击接地电阻值不宜大于 30Ω。

6.2.4.2　计算机系统接地电阻的要求

交流工作接地，接地电阻不应大于 4Ω；安全保护接地，接地电阻不应大于 4Ω。

6.2.4.3　移动通信系统接地电阻的要求

移动通信基站地网的接地电阻值应小于5Ω，对于年雷暴日小于20天的地区，其接地电阻可小于10Ω；架空电力线与电力电缆接口处的保护接地以及电力变压器（100kV·A以下）保护接地的接地电阻值应小于10Ω。

架空电力线上方的避雷线及增装在高压线上的避雷器的接地电阻值，其首端（即进站端）应小于10Ω，中间或末端应小于30Ω。

6.2.4.4　微波站防雷与接地电阻的要求

微波中继站地网的工频接地电阻值应不大于10Ω；微波枢纽站地网的工频接地电阻值应不大于5Ω。无源中继续站地网的工频接地电阻值为20~30Ω。

架空电力线与电力电缆接口处的保护接地以及电力变压器保护接地的接地电阻值应不大于10Ω。架空电力线上方的避雷线及增装在高压线上的避雷器的接地电阻值，其首端（即进站端）应不大于10Ω，中间或末端应不大于30Ω。

6.2.4.5　接地电阻测量方法

接地电阻测量可用手摇式或智能数字式接地电阻测试仪进行测量。其示意图见图6-2-2和图6-2-3。

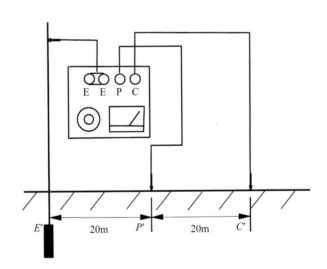

图6-2-2　手摇式接地电阻测试仪测量接地电阻

1. 手摇式接地电阻测试仪测量接地电阻

测量接地电阻值时接线方式的规定：仪表上的E端钮接5m导线，P端钮接20m线，C端钮接40m线，导线的另一端分别接被测物接地极E′，电位探棒P′和电流探棒C′，且E′、P′、C′应保持直线，其间距为20m。测量时：①测试仪端所有接线应正确无误。②测试仪连线与接地极E′、电位探棒P′及电流探棒C′的连接应紧密接触。③测试仪放置水平后，将检流计的机械零位调整为零。④将"倍率开关"置于最大倍档，逐渐加快摇柄转速，使其稳定到150r/min。当检流计的指针向某一方向偏转时，向左或右旋动刻度盘，使检流计指针

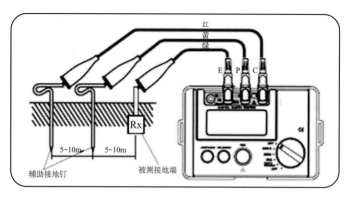

C: 辅助电极
P: 电位电极
E: 被测接地端

图 6-2-3　智能数字式接地电阻测试仪测量接地电阻

始终指向 "0" 点。此时刻度盘上的读数乘上倍率即为被测接地电阻值。⑤如果刻度盘读数小于 1 时，检流计指针仍未取得平衡，可将倍率开关置于小一档的倍率，直至调节到完全平衡为止。⑥如果发现测试仪检流计指针有抖动现象，可变换摇柄转速，以消除抖动现象。

2. 智能数字式接地电阻测试仪测量接地电阻

将 P 和 C 接地钉打入地下，和待测地设备成一行直线，且彼此间隔 5~10m；将功能选择开关旋到接地电阻 2000Ω 挡（最大挡），按 "TEST" 键测试，LCD 显示接地电阻值，若所测电阻值<200Ω，则将功能选择开关旋到接地电阻 200Ω 档，LCD 显示接地电阻值，若所测电阻值<20Ω，则将功能选择开关旋到接地电阻 20Ω 档，LCD 显示接地电阻值；也可以按照其他的选挡顺序进行测量，总之一定要选择最佳的测量档位去测量才能使所测的值最准。

按 "TEST" 键时，按键上的状态指示灯会点亮，表示该仪器正处在测试状态中。当 C 端或 E 端测试线接触不良、辅助接地电阻或接地电阻过大，或是测试端开路状态，LCD 将显示 "－－－－Ω"，此时要重新检查测试线连接是否良好，土壤是否太干燥，辅助接地钉是否可靠接地。

当被测接地电阻大于该挡位的测试范围，LCD 将显示 "OL"（超量程）。

3. 测量接地电阻应当注意以下问题

（1）对于与配电网有导电性连接的接地装置，测量前应与配电网断开，以保证测量的准确性，防止测试仪电源反馈到配电网上造成其他损害。

（2）测量连线尽量避免与邻近的架空线平行，以防止感应电压的损害。

（3）测量距离应选择适当，以提高测量的准确性。如测量电极直线排列，对于单一垂直接地体或占地面积较小的地网（组合接地体），电流极与被测地网（接地体）之间的距离可取 40m，电压极与被测地网（接地体）之间的距离可取 20m；对于占地面积较大的地网（网络接地体），电流极与被测地网（接地体）之间的距离可取为接地网对角线的 2~3 倍，电压极与被测接地体之间的距离可取为电流极与被测接地体之间距离的 60%左右。

（4）测量电极的排列应避免与地下金属管道平行，以保证测量结果的真实性。

（5）雨天一般不应测量接地电阻；雷雨天不得测量防雷装置的接地电阻。

6.2.5　接地系统常见故障

接地系统故障常表现在：①地网因腐蚀而断路。②施工对地网的破坏。③地网施工过程中未按规范施工，至焊接处脱开。④接地排与接地导线接触电阻过大。

接地系统故障可能导致断路器误跳闸，使设备外壳带电，极易出现高频干扰。

6.3　地震台站接地方式

6.3.1　接地的分类

电气系统交流电气装置的接地按其功能可分为基本的四类：安全接地、防雷接地、工作接地和屏蔽接地。

6.3.1.1　安全接地

安全接地即将机壳与大地连接。①防止机壳上电荷积累，从而产生静电放电，危及到设备和人身安全。②当设备的绝缘层损坏而使机壳带上电时，促使电源产生保护动作而切断电源，确保工作人员的人身安全。

6.3.1.2　防雷接地

当设备遭遇到雷击时，不论是直接雷还是感应雷，设备都将遭到损害。为防止直接雷击而设置接闪器，并将接闪器直接接入大地，以防止设备遭遇到雷击时危及设备和人身安全。

6.3.1.3　工作接地

电器正常工作时有一个基准零电位，该基准零电位可以是电路系统中的某一块、某一段或某一点。当该基准零电位不与大地相连接时，即为相对零电位，这种相对零电位会跟随着外界电磁场的变化而变化，会使电路系统的工作不稳定。当该基准零电位与大地相连接时，基准零电位即为大地的零电位，外界电磁场的变化不会影响到该基准零电位，此为工作接地。但是不正确的工作接地往往会增加干扰，为了防止不同的电路在工作中产生相互干扰，使之能互相兼容地工作，根据电路的性质，将工作接地分为：直流地、交流地、信号地、模拟地、数字地、功率地、电源地等。

1. 信号地

信号地是各物理量的传感器及信号源零电位的公共基准接地。由于信号一般都较弱，不合理的接地会使电路极易受到干扰，因此对信号地的要求较高。

2. 模拟地

模拟地是模拟电路基准零电位的公共基准接地。由于模拟电路既承担弱小信号的放大，又承担强信号的功率放大；不但有低频放大，还有高频放大；因此模拟电路极易受到干扰，又可能对别的电路产生干扰。所以对模拟地基准零电位接地点的选择和接地线的布设更要充分考虑。

3. 数字地

数字地是数字电路中基准零电位的公共基准接地。由于数字电路都是工作在脉冲状态，特别是在脉冲的频率较高或前后沿较陡时，容易对模拟电路产生干扰。所以对数字地的基准零电位接地点选择和接地线的布设也要充分考虑。

4. 电源地

电源地是电源中基准零电位的公共基准接地。由于电源需要同时供电给系统中的各个单元电路，而各个单元电路要求的供电性质和参数需求又有很大差别，因此不但要保证电源稳定可靠的工作，还要保证其他单元电路稳定可靠的工作。

5. 功率地

功率地是功率驱动电路或负载电路基准零电位的公共基准接地。由于功率驱动电路或负载电路的电流较强、电压较高，所以功率接地线上的干扰较大，因此功率地应与其他弱电接地分别设置，以保证整个系统的运行稳定可靠。

6.3.1.4　屏蔽接地

屏蔽与接地必须配合使用，才能起到屏蔽的作用，屏蔽分静电屏蔽和交变电场屏蔽。

1. 静电屏蔽

当用完整的金属屏蔽层将带正电的导体包裹起来，在屏蔽层的内侧会感应出与带电导体等量的负电荷，外侧同样会出现与带电导体等量的正电荷，所以金属屏蔽层的外侧仍有电场存在。如果此时将金属屏蔽层接地，其在外侧的正电荷就会流入大地，外侧没有电场存在，此时带正电导体的电场被屏蔽在金属屏蔽层内。

2. 交变电场屏蔽

为减低交变电场对敏感电路耦合产生的干扰电压，可以在交变电场干扰源和敏感电路之间放置导电性良好的金属屏蔽层，并将金属屏蔽层接地，金属屏蔽体良好的接地，交变电场对敏感电路产生的耦合干扰电压就会变得很小。

6.3.2　接地的目的

6.3.2.1　降低电气设备绝缘要求

将电气系统中性点接地的工作接地，能够降低作用在电气设备上的电压，从而降低电气设备的绝缘要求。

6.3.2.2　确保电力系统安全工作

输电线路塔（或杆）接地装置的接地电阻值必须降低到规范要求，以确保线路塔（或杆）在遭受到雷击时的塔顶电位与接地线的电位差不大于绝缘子串的50%冲击放电电压，保证输电线路的正常运行。如果接地电阻大于规范要求，则可能造成塔顶电位与接地线的电位差过大，引起绝缘子串放电而造成停电事故。

在发变电站及其他重要用电单位，通过防雷器、接闪器和接地线来吸收和泄放雷电能量，这些防雷设备可以通过接地装置将雷电能量安全泄放到大地。

6.3.2.3　确保人身安全

将所有电气设备的外壳安全接地。当电气设备的绝缘层损坏或老化而使电气设备的外壳带电时，能够确保接触设备外壳的工作人员的人身安全。发变电站的接地装置则通过降低接地电阻及采取等电位措施来保证跨步电压和接触电压满足人身安全要求。

6.3.2.4　防静电干扰

随着现代科技的发展，容易产生静电的塑料等制品以及化学纤维衣物的使用日益增多，对静电干扰敏感如计算机等的电子设备使用也日益增加。静电不但可能引起火灾和爆炸，如储油罐、储气罐和输气管道等极易因静电放电而引起爆炸，还干扰电子设备的正常工作。而通过接地则可以将由于摩擦等方式产生并积聚的静电快速释放到大地，防止静电干扰引起的电子设备损坏和爆炸等事故。

6.3.3　接地的要求和方法

从防雷的角度讲，接地是防雷技术最重要的环节，不论是直击雷、感应雷还是其他形式的雷，最终目的都是把雷电流送入大地，达到保护设备的目的，而合理良好的接地装置是防雷的首要条件。因此，地震台站应根据本台的实际情况，从配电、通信、信号线布线和配套措施进行统一的防雷接地方案的设计。

地震台站在进行接地设计时，应根据当地的地理环境、气候、土壤电阻率等条件以及所选取的接地体类型和降低接地电阻方法等从台站实际出发，进行规划、设计和实施。

对于磁性测量仪器观测房，所有接地装置必须使用铜材。

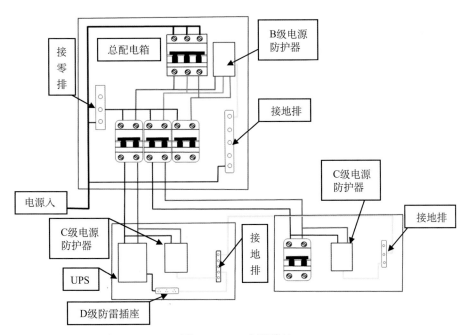

图 6-3-1　电源接地

在地震台站，通过电源接地、通信线路与信号线路接地、仪器设备接地和等电位接地等多种方式进行可靠接地，以对地震台站的仪器设备全方位保护。

（1）电源接地：综合性台站的电源都要经过 B、C、D 三级电源防雷器与地网连接进行接地，一般性台站的电源则只要经过 C、D 二级电源防雷器与地网连接进行接地，其中 B 级电源防雷器安装在台站配电室，C 级电源防雷器安装在仪器观测室的电源引入处，D 级电源防雷器为防雷插座，设备的电源线都应从 D 级防雷插座上引入。

（2）通信线路与信号线路接地：通信线路在进入台站后应将屏蔽层接地，主机与传感器、外线路之间安装专用信号防雷器并接地。

（3）仪器设备应进机柜并接地：外壳与机柜应可靠连接，机柜的一点与地网连接。

（4）等电位接地：机房、观测室内设置铜排作为等电位连接母排，接地母排与接地汇集线（公共接地母线）应可靠连接。

6.4　接地及接地线布设

在地震台站内的接地方式应采用共用接地方式，即：建筑物基础地、电源地（变压器地）、仪器设备地等共用一个地网（20m 以内各地网连接成一个联合地网）。共用接地网以建筑物基础地为主，在联合地网的接地电阻值不能达到时，须在建筑物外围增加接地体以达到接地电阻值的要求，增加的接地体最少有两处要与基础地相连接，新增加接地体可采用热镀锌角钢、非金属接地模块、铜包钢接地体或铜棒等常规接地体。

楼房（平房）之间距离 20m 以内的不同地网可相互连接，距离 20m（含）以上的地网可以不连接。

通信、信号等线路屏蔽层的两端应与各自所在楼房（平房）的地网相连接。

观测房的主地线应用 4mm×40mm 的镀锌扁钢或扁铜，大型的观测房应对称布设两条主地线，单根主地线的长度一般不超过 30m。

观测房应用 4mm×40mm 的扁铜在室内设接地铜排，作为等电位连接母排，接地铜排与接地汇集线（公共接地母线）应可靠连接。

观测房内所有仪器设备外壳，正常情况下不带电的大型金属件等，需要接地之处须用不小于 6mm² 多股铜导线用线耳固定后就近接到接地排。

放置在山洞内的仪器设备允许直接用其电源线的 PE 线接地，其外壳不必单独接地。

钻孔设备所使用的金属管护壁必须与地网隔离，在井口设置电磁屏蔽后将屏蔽层与地网连接，且地网与井口不小于 5m。

埋入地下接地体之间的连接必须采用焊接，并采取搭接焊。所有焊接点，均应涂抹防锈漆。施工中随时检查焊接处不应出现夹渣、咬边、气孔和未焊透的情况。

接地装置的搭接焊长度：对扁钢为宽边的 2 倍，对圆钢为其直径的 10 倍，焊接面不少于 3 个棱边（最好是两短一长或四周全焊）。

接地体的上端距离地面宜不小于 0.7m，在寒冷地区，接地体应埋设于冻土层以下。

埋设接地体施工是一项重要的隐蔽工程，宜由有资质的专业公司进行设计、施工，监理或组织专家进行测试、验收方可。接地装置必须进行定期维护，检查地网是否完好，接地电阻每年至少测量 1 次。

6.5 地震仪器设备的防雷工艺

由于地震台站的千差万别，往往会出现传感器与仪器主机都在同一栋楼房（平房）内，或不在同一栋楼房（平房）内，或一个在楼房（平房）内一个在楼房（平房）外的情况。

6.5.1 传感器与仪器主机与通信设备都在同一栋楼房（平房）

（1）如果楼房（平房）属于钢筋混凝土结构且：

①其连接线长度不超过 15m，不需安装信号防雷器。

②其连接线长度在 15~30m 之间，则在仪器主机侧应安装信号防雷器。

③其连接线长度超过 30m，则两侧都应安装信号防雷器。

（2）如果楼房（平房）不属于钢筋混凝土结构且：

①其连接线长度不超过 10m，不需安装信号防雷器。

②其连接线长度在 10~20m，则在仪器主机侧应安装信号防雷器。

③其连接线长度超过 20m，则两侧都应安装信号防雷器。

6.5.2 传感器与仪器主机与通信设备不在同一栋楼房（平房）

传感器与仪器主机、仪器主机与通信设备不在同一栋楼房（平房）内，传感器到仪器主机、仪器主机到通信设备的通信线两侧都应安装信号防雷器。

6.5.3 其他防雷接地措施

（1）下列情况必须安装信号防雷器

地震观测仪器架空的连接线两端；GNSS（全球导航卫星系统）连接线在仪器的输入端；DDN（数字数据传输）或 PSTN（电话拨号）连接线；无线通信的天线在室外，其馈线侧；距离山洞口不大于 10m 的地震观测仪器连接线；距离山洞口大于 10m 的地震观测仪器，其具有信号放大器的信号输入端；井下地震观测仪器的室外连接线长度大于 30m，连接线两侧；不具备 1kA 以上过电流能力的传感器信号放大器的模拟量输入端。

（2）下列情况可不安装信号防雷器

无线通信的天线在室内；距离山洞口大于 10m 的地震观测仪器的连接线。

（3）对信号防雷器的要求

信号防雷器的放电电流不小于 10kA（8/20μs），具备横向保护与纵向保护，残压低于仪器端口或通信端口的耐过电压能力；信号防雷器的接口必须与仪器设备完全一致，禁止剪断连接线、通信线加装防雷器；防雷器的匹配阻抗、在线阻抗、工作电压、工作电流、工作频率等性能必须满足相应仪器设备的要求；信号防雷器地线就近接到接地排，接地线截面不小于 6mm²，并且用线耳连接；地电阻率等测量时间间隔比较长且连接线架空在室外的，雷雨前宜断开外接线路。

7　地震台站综合布线技术

综合布线是一个良好信息传输平台的关键一环，掌握综合布线的特点和原则有利于规范合理布线，适应智能化台站的综合观测、安全监控、信息快速可靠传递与汇集。

7.1　综合布线意义

7.1.1　综合布线基本含义

综合布线（generic cabling system）也称之开放式布线系统（openning generic cabling system）。综合布线系统（GCS）主要内容和功能是为通信与计算机组成网络而设计的，以满足计算机信息通过各种通信链路，达到安全快速、稳定不失真信息传递的要求，而规范未来各类通信链路与计算机网络平台的综合业务数据的需求而开发的环境平台。主要应用有公共通信与计算机网络机房的综合布线，尤其是当今广泛应用在现代建筑楼宇中的各类数据资料、语音图片、影像视频的相互传递、接收载体技术平台而设计的网络综合布线。因此，综合布线系统是一个信息传输平台(终端软件硬件、节点连接介质、部件)，又称之为现代"信息高速公路网"。

对于我国地震行业的综合布线主要是针对地震台站观测技术保障体系中的综合布线包括地震台站的观测仪器、辅助设备、连接链路和各类观测场地以及相应的建筑节点的布线应用。

7.1.2　综合布线基本特征

综合布线的特点可以概括为以下几点：

1. 综合性、兼容性好

综合布线具有综合所有系统，实现互相兼容，适应现代和未来通信技术发展的特点，采用光缆或高质量的布线部件和连接硬件，满足不同生产厂家终端设备传输信号的需要，实现话音、视频图片、数据通信等信号的统一传输。

2. 灵活性、适应性强

综合布线能满足各种应用的要求，每个信息点都能够连接不同类型的终端设备，当设备数量和位置发生变化时，通过简单的插接工序，互连所有话音、数据、图像、网络和自动化设备，方便灵活使用、搬迁、更改和管理，节省工程投资。

3. 标准化、扩容延展方便

适应符合国际通信标准的网络拓扑结构和不同传递速度的通信要求。综合布线的网络结构一般采用星型结构，各条线路自成独立系统，互不影响。综合布线的部件采用积木式的标准件和模块化设计。因此，部件容易更换，便于排除障碍、日常维护。

4. 技术经济合理

综合布线的各个部分采用高质量材料和标准化部件，同时，采用集中管理方式，有利于分析、检查、测试和维修，可降低工作难度，减少管理人员，节约维护费用和提高工作效率。

7.1.3　地震台站的综合布线

综合布线技术是一门通用型应用技术。地震台站的综合布线不仅要保障台站观测数据交换、数据共享、数据传输的畅通、快速与实用，同时，也应保障台站观测仪器设备各种连线及器件的安全，避免雷电感应引入噪声的影响。

地震台站综合布线采用分布式布线系统，在台站现有不同空间位置（配电房、仪器观测室、数据处理机房或观测山洞摆房）的布线应能够实现观测仪器、终端设备的相互间数据交换、数据共享、数据传输的一个局域网络环境，综合布线系统涉及具有 TCP/IP 协议的专业设备接口的适应性、相容性与未来 IPV6 协议设备的应用。

7.2　地震台站综合布线

地震台站综合布线的应用包括：地震台站综合布线系统总体设计，地震台站供电配电房及设施布线、地震台站仪器观测室布线、地震台站山洞观测布线与地震台站综合布线设计案例实施与效果分析。

地震台站综合布线是一个分布式布线系统，如图 7 - 2 - 1 所示。

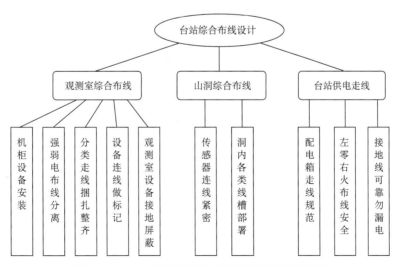

图 7 - 2 - 1　地震台站综合布线系统设计拓扑结构

7.2.1　地震台站综合布线设计原则

　　地震台站本身是一个相对的独立体，除工作人员外还包括办公楼房、职工宿舍等实体。台站承担防震减灾的特定任务，为了圆满完成任务，台站必须拥有水电供应设施、通信保障设备、各种地震监测子系统、数据汇集交换处理子系统、安全监控子系统，还有山洞、摆房、磁房、井房等特殊的观测子系统。这些子系统只有通过地震台站综合布线将它们有机的连接起来，发挥其各自的功能与应有的作用。

　　如何使各子系统有机有效的连接贯通在一起，需要有一个科学合理、高效有序的综合布线系统赋予实施。台站综合布线设计除了涉及选用的材质（铜制芯材、光纤、金属材质）、材料（各类连接线，包括供电线、信号线、数据线、网络线、接地线）外，还应充分考虑不同系列的硬部件（连接器、插座、插头、卡槽、铜制耳、适配器、机柜、机架、电器保护设备）和管理软件。

　　台站综合布线设计，是根据台站现状与网络环境，遵循安全、可靠、适用和经济等基本准则，与便于安装、操作、试验、检测和维护的基本原则。做到各类连线施工规范有序；布线中各类接插件、部构件连接稳固、安全可靠；大件的仪器机柜、观测设备安装牢固、稳定运行，达到台站观测数据与各类地震信息传递准确的目标。

　　综合布线设计应满足以下几方面的具体要求：

　　（1）强弱电分开。

　　（2）观测室外线路全部埋地进入观测室。

　　（3）观测室内线缆采用上、下走线方式布设。

　　（4）进出仪器机柜线缆采用上走线方式布设。

　　（5）采用金属桥架。

　　（6）仪器机柜内线缆通过横竖软线槽、理线器布设。

　　（7）使用线耳，走线整齐规范、捆扎标示。

7.2.2　地震台站供电系统综合布线

　　地震台站供电系统是台站生存的基础条件，也是台站未来发展的支撑动力源，称之台站强电子系统。台站供电方式一般有两种：一种方式是台站自身安装有额定功率的变压器（万伏高压接入，三相电线电压380V输出），从变压器次级380V输出接入台站供电配电房的专用配电柜，由配电柜空气开关输出的三相电和变压器的次级中线（零线）分路相电压220V接入台站的办公、宿舍用房照明，仪器观测室、山洞观测室等配电箱内，为各类仪器设备提供用电，考虑到台站供电外线路出现电力部门的检修维护断电因素，台站还配置有额定功率发电机，这一类台站供电方式主要用在有人值守地震台站。如图 7 - 2 - 2 所示。

　　另一类台站供电方式大都在无人值守台，这种方式是通过外线直接输入一路相电压220V 到台站的配电柜或配电箱，由配电箱内限流控制开关输出，接入台站供各观测仪器使用的 UPS 电源，为台站仪器观测提供用电。如图 7 - 2 - 3 所示。

　　外部供电（市电或农电）直接入地震台站配电房，当安装有变压器（高压转低压配电）时，三相电应采用单芯截面 $\geqslant 10mm^2$ 的铠装电缆在电杆处下线套上金属管，采取地埋方式

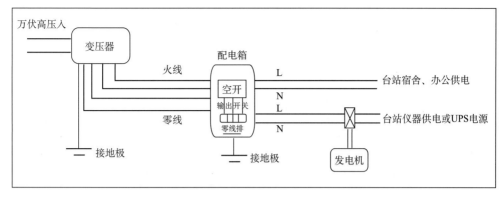

图 7 - 2 - 2　有人值守地震台站供电线路构成图

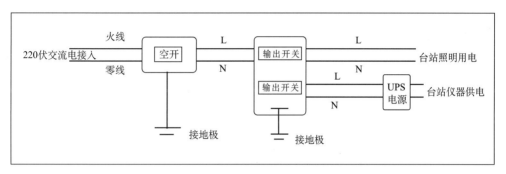

图 7 - 2 - 3　无人值守地震台站供电线路构成图

进入地震台站，接到配电柜内三相空气开关输入端，铠装电缆外壳金属层两端应直接接地。

一般情况电缆埋地深度 H≥0.7m，若经庄稼农田里埋地深度 H≥1m。在高寒地区，电缆应埋设于冻土层以下。严禁采用非屏蔽电线或铝材裸线架空方式接入台站配电室。若因台站建在基岩出现无法地埋而架空接入时，接入的供电线的零火线需在室外间隔 M≥30cm。

地埋铠装电缆长度 L 应满足以下要求，且电缆长度应不小于 15m：

$$L \geqslant 2\sqrt{\rho} \qquad (7-2-1)$$

式中，L 为铠装电缆埋于地中的长度；ρ 为埋电缆处的土壤电阻率（Ω·m）。

对安装变压器的地震台站，交流电源输出供电线布线宜选用 TN-S 配电制式或 TT 配电制式。详见 5.1 节。

地震台站的交流供电系统，其特点是：供电电压高、负载电流大、功耗大，大都由外线路接入地震台内，有采取电缆架空方式，也有电缆地埋方式。使用的供电设施有：变压器、电杆、配电箱、配电柜、接地接零排等。

从供电配电柜内的多路限流开关输出到办公、机房、仪器观测室或山洞、摆房、磁房、井房内的配电盒、开关插座上的供电连线的铺设坚持紧凑规则，套上 PVC 管埋墙铺设或嵌入 PVC 走线槽内铺设。如图 7 - 2 - 4 所示。

图 7 - 2 - 4　地震台供电走线采用 PVC 套管布线

地震台站供电线路布线基本准则：平行双线有间隔，横线上火下零须明白；走线分段卡钉固，拐弯走线须有菱，捆扎牢固又安全；竖线左零右火要记住，开关插座连接好，仪器供电稳定又可靠。建议配电箱安装在侧墙距地面高度 1.5m 处，预留线缆入户孔位于后侧墙体上方桥架处；电源插座内嵌于墙上距地面高度 0.3m；照明开关置于进门右侧，距地面高度 1.4m。

7.2.3　地震台站仪器观测室综合布线

有人值守的综合地震台站，一般情况下，仪器观测室包括计算机房、仪器机房与值班室。计算机房安装有计算机、打印机、传真机等终端设备；仪器机房安装有各种手段的观测仪器、数据采集设备、网络设备、防雷设备、监控设备、UPS 电源及蓄电池。

我国用于地震监测的仪器设备有测震类、形变类、电磁类、流体类。目前，已有的台站大多数拥有一类或几类中的部分测项。观测仪器（包括数据采集器、电源设备、网络设备）安装在机柜内。各类信号线、网线、供电线进入机柜接到相应的仪器设备。

数以千计的地震台站布设在祖国各地，由于地理环境各异，给仪器设备安装固定、线路布设、接地等带来一系列的问题。所以，在台站综合布线设计时，应充分考虑自然环境条件，按照观测仪器安装标准化与相关规范的技术要求对仪器观测室综合布线进行设计。

1. 地震台站仪器观测室综合布线设计

仪器观测室综合布线设计应根据每一个台站实际安装仪器的情况与环境条件进行周密的设计实施，除保证仪器设备安全正常运行外，还要易于检查、更换、维修。

1）总线式配线

台站仪器观测室综合布线采用总线式配线。设备网线聚集配线一般情况有以下两种设计方式：一种集中配线方式设计，另一种是两级式级联设计，又称为二级网络交换设计。

（1）集中配线方式设计。

各类线缆采取总线方式配线，即将台站各类设备的网线聚集，通过综合布线将设备网络输出线汇集部署到机柜配线架上。见图 7 - 2 - 5 所示。

图 7-2-5　机柜设备网线聚集配线架

因此，机柜应安装有网线配线固定支架，各类上机架设备的网线都聚集配线架上，再转接入机柜内交换机的每一个相应 RJ-45 以太网端口。采用的是中心配线方式，即 IDG 机房标准设计，由一级交换机直接指向服务器，通过网线直接到达服务器等设备，包括各类终端设备。集中式管理，各类设备都能通过网线直接到达用户终端。这种方式，便于台站各类设备运行管理和维护，设备网线通过走线槽和地板下方线槽布线。

（2）两级网络交换设计。

两级网络交换设计主要是针对地震观测手段多，测项观测点分散，有计算机房、仪器观测室、观测山洞的综合地震台。在进行台站综合布线设计时，为了减轻台站各类线缆的布设压力，设计从计算机房主交换机到每一列机柜的头柜用光缆连接，即在机柜的头柜内放一台二层交换机，主交换机与二层交换机间用光缆连接；而二级交换机又通过网线再连接到所有服务器、计算机、终端设备和观测仪器。这可节省主交换机到各用户终端网线或线缆的数量，提高了台站网络环境的安全可靠性。

2）防静电地板

仪器观测室地面一般采用架空防静电地板铺设，便于各类线缆走线和实施接地屏蔽等电位连接。地板下的接地网可设计为井字或田字型结构，金属支架与接地网连接好，起到屏蔽作用，材质宜选用扁铜材，不建议防静电地板下的接地网直接靠到四面墙角铺设。

无人值守地震监测站观测室地面可采用防静电地板漆。

3）仪器机柜

仪器观测室内安装标准机柜，数量视观测仪器设备多少而定，机柜宜放置安装在机房的中央位置或靠墙的一侧，与墙间的距离大于 60cm，放置多台仪器机柜时应并行紧靠水平放置，相互之间仪器连线应从防静电地板下方接入，切勿上方直接连接。各类观测设备应放置于机柜内，严禁堆叠或置于机柜外面。机柜内安装的各观测仪器之间应留有空隙（大于1U），机柜必须与地板下的地网相连接地。

4）线缆布设

仪器观测室综合布线包括 UPS 电源线、信号线、接地线，照明线，还有网线、GPS 馈线等。各类线缆切勿使用裸线，即使是接地线也应采用包裹线，而且线缆要求尽量完整，不出或少出现连接点（尤其在进出观测室的接合处）。各类线缆铺设固定时，宜选用金属线架或线管或线槽或用防潮绝缘胶带绑扎有序布设。

布线原则是严格执行强、弱电线缆分开铺设。供电线与信号线、接地线以及网线宜采用不同套管分开穿入，套管用卡钉整齐固定在合适位置，切勿直接放置在地面。套管的材料选用合理规格的 PVC、PPR 管材。机柜内各类仪器设备走线梳理清晰，做到合理安全、整齐有序。严禁各类走线相互交叉环绕，宜用扎带分开捆扎，做好标记（用软质不干胶卡片作标签，用油性笔作标记）。网络线在机柜内应上线架，仪器的 I/O 线应有标记，使之清晰整齐检查方便。如图 7-2-6 所示。

(a)　　　　　　　　　　　　　　(b)

图 7-2-6　（a）台站地电信号设备走线；（b）台站流体信号设备走线

引出观测室外的数据采集器 GPS 天线馈线应单独布线，安装必要的天馈信号防雷设备，天线蘑菇头室外安装，露天仰角 $\alpha > 120°$，固定位置的高度应低于建筑屋顶或屋檐约 30cm。

井下地震观测仪器的室外部分布线，应采取将电缆套入镀锌钢管地埋方式引入室内仪器机柜相应位置；室内各类连接线、接地排应用线耳进行连接，螺丝固定。地磁仪器走线布线设计应以减少或不影响仪器观测数据质量为前提，使用线材应以铜材线为主。各类接地连线以最短距离布设，弯曲走线时应采取大于直角走线布线。

5）连接插座

地震台站观测室综合布线主要以弱电线路布线为主，通过科学合理的网络环境设计，体现地震观测走向现代化、网络化、智能化的面貌。综合布线的连线端点大多数是插座，有供电插座、节点插座、信息插座。供电插座应采用三芯型（不能少接地线的连接点）；节点插座一般选 RJ-45、RJ-11 等；信息插座选用 IPV6 接口插座（如 8 针模块化信息插座）或数据/IO 插座。

6）通风散热

良好的通风散热条件，是各类设备得以可靠运行的保障。综合布线应留足空间，充分发挥通道和走线沟槽的通风散热作用，节约能源降低成本。

显然，台站仪器观测室的科学合理布线和整体布局设计可提高系统运行安全性和使用效益。为此，台站综合布线要有前瞻性、可持续性设计，使台站布线基础设施建设以满足台站未来更大发展。

2. 地震台站仪器观测室综合布线实施

地震台站仪器观测室综合布线就是对台站各类布线进行整体规划设计、统一施工的过程，严格按照建设标准化台站的设计和相关技术规范中对综合布线的要求，减少不必要的重复布线、重复施工，节约台站保障技术系统改造的投资，有效提高网络环境使用效益。

综合布线应根据台站标准化设计要求和内容，通过规范化布局，统一工序施工，使地震台站观测系统成为一个有机的技术系统，为后续台站集约化综合运维管理，节约开支，发挥工作效能提供保障。

1）布线间距

（1）机房内各类信号、网络弱电线不能与高压（AC>1000V，DC>1500V）电缆捆绑一起走线。弱电线设备与强电电缆终端最小间隔450mm。

（2）机房内各类信号、网络弱电线一般情况下应避免与低压（AC<1000V，DC<1500V）电线捆绑一起走线。弱电电缆的终端与低压电线的终端（在有牢固间隔物情况下）最小间隔100mm。

（3）机房内各类信号、网络弱电线一般情况可允许与超低压（AC<42.4V，DC<60V）电线一起（捆绑）走线布线，但终端处须有一定间隔。

（4）机房内各类信号、网络弱电线应远离有害设备（避雷器、腐蚀性流体、内部发热温度超过60℃的电器等），其间距不得少于100mm。

地震台站仪器机柜强弱电布线走线照片见图7-2-7所示。

(a)　　　　　　　　　　　　(b)

图7-2-7　（a）仪器机柜电源线右侧捆扎布线；（b）仪器机柜弱电信号线左侧捆扎布线

2）桥架使用

220V电源线隐藏式入户，通过配电箱后经独立的强电桥架进机柜；其余各类弱电线缆（包括各种地球物理信号线、通信线、控制线、接地线等）均通过弱电桥架进出机柜。

桥架布设情况设计见图7-2-8。

弱电线可由上方走线架进行布线，桥架布线方式如图7-2-9所示。

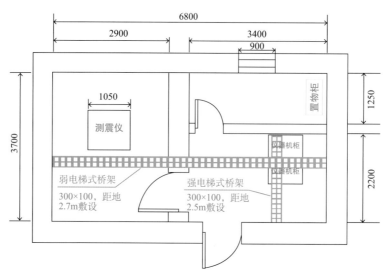

图7-2-8　布线桥架设计图

(a)　　　　　　　　　　　(b)

图7-2-9　弱电线走上方线架布线方式安装

3）布线注意事项

（1）统一规划、规范布设、横平竖直，在满足观测要求的前提下，合理规划各种线缆，避免出现线缆过多过长的情况。

（2）进入观测室前，线缆做防强风、防雨水倒灌等安全保护措施。

（3）在线缆进入观测室前的外墙位置处做标识，当线缆穿越楼层或墙体时，要对孔洞处线缆做保护。

7.2.4　地震台站观测山洞综合布线

为解决地震台站观测环境受干扰的问题，提高观测仪器信号的检测能力，一些台站除传感器外，也把观测仪器（数据采集设备、工作电源、网络设备）直接集成安装在僻静的山洞里。通常山洞安装有测震，强震动，形变重力，形变伸缩仪，水管仪，形变 V_P、V_S 等测项的传感器。一般在山洞里放置一台仪器机柜，将所观测仪器安装在机柜内，包括数据采集器、电源设备、网络设备。各类信号线、网线、供电线从机房接入山洞机柜。

由于山洞的特殊性，狭窄、潮湿、岩石坚硬、洞内隔门多，给仪器设备安装固定、线路布设、接地等带来一系列的问题。所以，在这一类台站综合布线设计时，应充分考虑山洞的条件，按照山洞观测仪器安装标准化与相关规范的技术要求对山洞综合布线进行设计。

山洞综合布线设计应根据每一个台站山洞实际安装仪器的情况与洞内环境条件进行周密的设计实施，除保证洞里仪器设备安全正常运行还要易于检查、更换、维修。

山洞综合布线包括 UPS 电源线、信号线、接地线，山洞照明线，还可能有网线、GPS 馈线。接入洞内的各类线缆切勿使用裸线，即使是接地线也应采用包裹线，而且线缆必须完整，不可在中间出现连接点（尤其在洞深 $10\sim20m$ 属内外结合冷暖空气交替处）。洞内各类连接线铺设固定时，应采取防潮、防鼠咬措施。山洞走线宜选用金属线架或线管或线槽或用防潮绝缘胶带绑扎有序布设。

布线原则是严格执行强、弱电线分开铺设，两者平行间距不小于 $0.5m$，供电线与信号线、接地线以及网线最好采用不同套管分开穿入，套管用卡钉整齐固定在山洞内上方合适位置，或者固定在洞内侧墙离地面 $\geq1.0m$ 处，卡钉固定处应进行二次防潮、防渗漏处理，切勿直接放置在地面。接地线可单独裹线，走线固定在洞侧墙地面。套管的材料宜选用合理规格的 PVC、PPR 管材。如图 7-2-10、图 7-2-11 所示。

引出山洞外的数据采集器 GPS 馈线可独立布设走线。GPS 天线蘑菇头应固定安装在露天，其仰角 $\alpha>90°$，位置应低于山洞口顶端至少 15cm。

图 7-2-10　地震台观测山洞内布线走金属线槽

图 7-2-11　地震台山洞强、弱电线套管分开平行部署

7.2.5　地震台站综合布线案例

近十多年来，我国地震台站综合观测技术保障系统项目正有序推进，稳步规范开展实施。地震台站综合布线设计与应用也在实践中不断改进、不断完善。根据台站综合防雷升级改造的有关技术要求，已把地震台站综合布线设计与实施纳入台站综合观测技术保障系统建设内，并作为一个重要环节付诸实施。

安徽省蒙城地震台是一综合性台站，现有测震观测全频带仪器 ［JCZ‑1T（360s）、BBVS‑120（120s）、BBVS‑60（60s）、FBS‑3A（20s）、FSS‑3B（2s）］5 套设备和台站观测数据实时接收、存储及数据处理计算机系统，还有电磁观测（地电阻率、大地电场、GM4 磁通门磁力仪、磁经纬仪、G856 核旋仪、FHD‑2 质子旋进磁力仪），以及形变与其他观测（TJ‑2 钻孔应变仪、气象综合观测仪、空间电磁接收仪与科技大学地空学院的空间雷达观测）。该台站地处我国黄淮平原，地域空旷，每年雷雨季节时雷电频发，属于中强雷区，台站观测仪器也因此经常遭受雷击而损坏，严重影响台站观测数据的正常率。

由于蒙城地震台的位置地势较高，周边低洼，台站供电采取 50DW 变压器接入三相交流电方式，架空的外线容易遭受各类雷电影响。所以，蒙城地震台的台站综合布线设计就显得极为重要，需要重点考虑消除台站易遭受雷电的影响。蒙城地震台所处的地区，雷电期长达 4 个月，雷灾频发。2010 年，蒙城地震台开展了台站综合防雷改造工作，对台站进行一次综合防雷改造方案设计与实施，台站综合布线设计与实施就是其中改造内容之一。根据蒙城地震台不同观测手段和观测手段的技术特点进行台站综合防雷改造及综合布线设计。

蒙城地震台安装了雷电预警仪，在每年雷电频发期，实时控制台站机房 UPS 电源和测震仪器房设备供电。台站采用铠装电缆地埋方式为测震仪器设备供电，机房采用了防静电地板，静电地板下布设扁铜材等电位接地网，各类机柜有序排列，底部用钢架固定在机房地板下。蒙城地震台仪器机柜有序排列固定安装。机柜内各类观测仪器（地电阻率、地电场仪等）上架固定安装，各类强弱电线有序分开捆扎布线，由机柜下方进入走线槽内，综合布线规范整齐。见图 7‑2‑12 所示。

图 7‑2‑12　蒙城地震台仪器机房机柜组合排列

蒙城地震台自 2010 年改造以来，加之持续不断的台站观测环境优化完善，该台观测技术保障系统正有效发挥作用，运行至今达六年多，未出现过因雷电造成仪器受损或引起观测数据中断的情况。台站综合防雷改造、综合布线技术的实施与观测技术保障系统运行，使蒙城地震台取得了较好的台站运维经济效益与较高的台站观测数据连续率。

7.3 地震观测系统布线技术的发展

我国自 20 世纪 80 年代后期引入综合布线技术以来，经过几个阶段的快速发展，特别是各种信息技术和信息高速公路的迅速发展，出现了以大厦、城域、园区、住宅小区、家庭为主要应用场合的综合布线系统以及现代开放型办公室为主要应用场合的开放型办公室综合布线系统。这些系统无论信息传输速率还是线缆产品类型都得到飞速进展，促使综合布线技术达到新的高峰。随着现代信息技术的广泛应用，今后，综合布线技术将沿着宽带化、数字化、综合化、智能化，以及个性化方向发展。

7.3.1 地震台站综合布线发展过程

我国地震台站观测系统布线技术的应用发展，大致经历可划分为三个发展阶段。

第一个阶段：从 20 世纪的 70 年代初起至 90 年代中期，是我国地震台站观测系统的模拟观测时期。台站综合布线的概念还较为模糊，布线技术涉及的只是台站观测记录仪与传感器之间信号电缆的连接，台站供电线配电室内插刀开关的连接，台站仪器观测室电源插座间的连接，台站各测项模拟观测仪器的信号电缆线连接，操作简单，一般使用电烙铁焊接电缆线或扎头器件连接。台站地震观测主要以记录模拟信号是否连续，地脉动信号正常为台站观测目标。因次，一般情况下，台站关注的是观测仪器间连线接通，记录信号是否正常，运行有否出现接触不良或产生干扰的现象，而对台站观测布线方面的综合应用关注较少。

第二个阶段：到了 20 世纪的 90 年代中后期，随着地震台站观测数字化时代的到来，中国地震局开始启动了地震台站优改项目，在台站观测基础设施与观测环境的优化改造的同时，注意到地震台站大多数是地处城郊、山区或高山丘陵之处，以致这些台站频繁遭受雷击灾害，台站仪器受损严重甚至报废，极大影响台站观测数据的连续率和完整性，引起了各方面的高度重视，继而开始了我国地震台站新一轮防雷技术升级改造，内容包括：台站供电线路设计及安装多级交流防雷设备；台站各测项仪器安装信号防雷设备；台站观测仪器的各种线缆整理和综合布线设计应用；台站接地网改造降低接地电阻。通过近十年综合防雷升级改造，逐步探索出了一条符合我国台站拥有多学科观测技术系统运行现状的台站综合防雷改造新路子，逐步提升了地震台站防雷击灾害的能力，初步建立起综合布线技术的基础，提高了地震台站观测数据的连续率与完整率。

第三个阶段：从 2013 年起至 2019 年，我国地震台站综合观测技术保障系统正式纳入中国地震局台站基础设施建设工作专项并予以启动，对全国 800 多个地震台站实施全面综合观测技术保障系统改造建设。台站综合观测技术保障系统建设内容更全面、更丰富、领域更广泛。在综合防雷的基础上新增了台站雷电预警，强化了综合布线系统建设。同时，由于现代计算机网络与电子通信技术在我国地震台站观测系统中的应用，促使台站仪器观测的数字化、网络化、智能化时代的来到。如何保证台站观测仪器正常工作，提高台站观测仪器的稳定性、可靠性，必须努力提升台站保障技术系统的能力和运维水平。随着标准化台站建设项目的推进，今后，地震台站观测系统布线技术将纳入地震台站标准化建设中实施。期待综合布线技术在今天快速发展的地震台站智能化、网络化进程中得到广泛应用，发挥更大作用。

7.3.2　地震台站综合布线技术展望

地震台站观测机房、观测山洞、观测井房、仪器摆房以及配电室等的布线，需要精心设计，严格按照技术标准，规范有序、科学合理布设，达到运行安全、可靠、实用，具有我国地震台站观测环境现代化技术的特点。我国台站综合布线新技术应用面临一个新的历史发展时期，正向着国际电工 IE 综合布线系统设计靠拢，与国际电工 IE 布线标准接轨。其效果见图 7 - 3 - 1 所示。

图 7 - 3 - 1　机柜综合布线效果照片

地震台站综合观测技术保障系统的布线技术应用于台站仪器机房或观测室的各种电缆线的连接，其规范安装、连接至关重要。图 7 - 3 - 2 所示为某地震台站供电配电箱外部走线接入套管布线照片、图 7 - 3 - 3 所示为某地震台站仪器机柜网线综合布设效果照片。

台站综合布线系统，通常作为一个子系统进行综合设计。台站综合布线的规范化、标准化，就是在具体实施操作过程中，各类连线规范、规则、安全合理的有效物理连接，确保台站各测项观测数据、地震信息与公文资料以及相关的视频、影像资料在以太网络下稳定畅通、安全传输。而且，做到运行维护、节点检测、物理检查便捷有效。

图 7 - 3 - 2 地震台站供电配电箱外部走线接入布线套管

图 7 - 3 - 3 地震台站仪器机柜网线综合布设效果照片

8　地震台站雷电预警技术应用

雷电预警为近年发展起来的新技术，人们试图引入雷电预警提升防雷能力。通过学习雷电预警原理与系统的构成，掌握雷电预警的应用，提高地震台站的雷电防护效果。

8.1　雷电预警基本原理

8.1.1　雷电预警与防雷

8.1.1.1　雷电预警

雷电预警的含义是在雷击发生前大约 10~30 分钟发出预警信号，其主要作用有几方面：首先，提示人们本地即将发生雷击，露天作业或野外活动人员立即进屋避雷；其次，对雷电敏感的企业按照应急预案或操作规程人工或自动采取必要的防护措施，特别是重点防御单位，必须严格执行应急预案；其三，雷电预警系统可和自动开关等联动，雷击前自动切断开关隔离雷电，保护设备。

IEC（国际电工委员会）的 T81 分会（防雷分会）经过多年的统计分析，雷电预警是能大幅降低雷电灾害损失的有效措施。但是，雷电预警为近年发展起来的新技术，目前还没有相应的国家标准或行业标准。

8.1.1.2　防雷

从 200 多年前富兰克林发明避雷针开始，防雷技术发展至今已经成熟，防雷措施包括建筑物安装避雷针（避雷带），设备安装避雷器，野外人员进屋避雷等。但是由于雷电的突发性等原因任何防护措施都不能保证 100%，对于这一点现行的国际标准和国家标准都有明确的说明："按照本规范设计建设的防护措施，防护效果不能保证 100%……"。

8.1.2　雷电预警系统简述

8.1.2.1　雷电预警基础理论

高空的云由于摩擦或重力分离等原因带上电荷，此时的云称为雷云，一块云内可能带正电荷，也可能带负电荷，也可能正负电荷同时存在。云中的电荷对地面产生一个电场 E，当云的电荷越来越多时电场也越来越强，当 E 大于空气击穿值时，云对地面放电，这种放电称为雷击，因此，监测大气电场强度 E 可以预警雷电。雷电预警基本原理见图 8-1-1。

雷电预警的基本原理为实时监测大气电场强度，当雷云引起的电场强度增加到一定值时（放电门槛值），系统发出预警信息，提示本地即将发生雷击。监测大气电场的装置称为电场仪，电场仪的安装环境不同，如安装高度、附近是否有大型用电设备等，预警电场门槛值也不同，大部分雷电预警系统把这个值让用户自己设置。

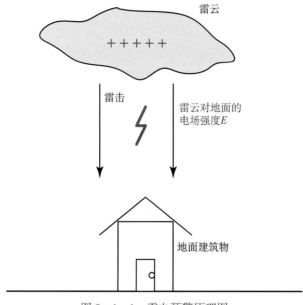

图 8 - 1 - 1　雷电预警原理图

8.1.2.2　雷电预警的作用

雷电预警是在雷击前发出预警信息，是有效大幅降低雷击灾害损失的措施之一。其主要作用如下：

（1）提示野外露天活动或作业人员及时避雷，免遭雷击伤害。

雷击是野外作业人员最大的安全隐患之一，比如建筑工地施工人员、农作人员、野外景点休闲人员等。我国长城等著名景点都发生过游客遭雷击死亡重大事故。安装雷电预警系统后，野外人员获得预警信息，立即到就近的安装有避雷装置的建筑内避雷以策安全。当然，公众掌握必要的防雷科普知识是必要的，人们常常选择在雷雨时躲大树下避雷或冒着雷雨跑步离开等都是错误的选择。目前我国部分 4A 级以上景点安装了雷电预警系统，雷击前管理人员通过广播通知游客避雷，并且关停缆车等风险高的游乐项目。雷击伤害野外人员主要有以下几种方式：

①闪电直接击中。

人站在高处，闪电直接击中人体，这种概率非常低，但是一旦击中几乎无生还的可能，动物实验表明，人体能承受的雷电流大小不超过 10kA，而直接雷击的强度大部分都超过此值。

②跨步电压。

雷电流入地后在地表面流动产生电压，人的两脚分开站立或行走过程中，两脚之间可能存在过万伏的电压，该电压称之为跨步电压。雷雨天野外人员跑步撤离时，跨步电压危害概率非常大。

③高温。

闪电通道的温度非常高，广州雷电野外实验基地的测试数据表明，闪电通道的温度在 20000～30000K。K（开尔文）是热力学温度单位，摄氏温度 = 开尔文 - 273.16。雷电通道的温度过万度，近距离的人会受到严重伤害，甚至危及生命。

④高电位反击。

雷击中树木、电线杆、路灯杆时，树木等为高电位（超过 1 万伏），如果此时人离树木等在几米范围内，则过万伏的高压即对人反击，尤其是人站在有水的地面上时通道电阻更低，危害更大。因此，雷雨时，人不能靠近野外的树木等。

（2）提示立即停止易燃易爆等危险作业，以免雷击引起火灾爆炸。

油库、炼化工厂、炸药库等都是易燃易爆场所，对雷电非常敏感。我国曾发生过多次雷击引发的大量人员伤亡事故，比如造成 19 人死亡的黄岛油库大爆炸就是雷击引起。雷击引爆易燃物的主要原理是：易燃易爆场所的空中一般有漂浮的易燃气体、粉尘等，比如，油罐进油时，油罐内气体排除在油罐上空形成一层"油气层"，而且浓度比较大，遇到闪电（比如，附近避雷针接闪等）立即引爆，然后火苗迅速进入油罐内产生更加巨大的爆炸。唯一的防护措施是雷击前停止进油，让油罐上空的"油气层"的浓度大幅降低，此时，即使有闪电也不会引爆。

（3）自动切断外部线路（感应到雷电的外部交流配电线路），彻底隔离雷电，保护电子设备免遭雷击损坏。

防雷型自动开关是在雷击前自动断开开关，物理隔离雷电保护设备，雷击后又自动复位开关，特别适合于野外基站配电线路的防雷保护，比如通信基站、地震台站、环保监测站等。这些野外基站的特点是建筑物比较孤立，雷电环境恶劣，常规的防雷措施不能完全满足要求，采用雷电预警自动开关技术可以彻底隔离雷电，取得更良好的保护效果。

8.2　L21 雷电预警系统

8.2.1　L21 雷电预警系统原理结构

8.2.1.1　大气电场监测传感器

大气电场是一种近似直流的"低频场"，干扰因素多，监测技术难度大，目前监测大气电场的传感器主要有两类。

1. 场磨式（机械式）电场传感器

场磨式电场传感器的原理见图 8 - 2 - 1，电场传感器由屏蔽金属片、信号采集金属片、采样电阻、信号放大器等组成，屏蔽片由一个马达带动转动，当屏蔽片在信号采集片的上方时，电场信号被屏蔽，采集电阻上没电压，无信号输出，当屏蔽片移开后，采集片采集到电场信号，这样一来，屏蔽无信号—无屏蔽有信号—屏蔽无信号，直流的电场信号就变成交流信号，交流信号便于放大等处理。场磨式电场传感器结构简单，信号采集稳定可靠，但是这类传感器有马达等转动机械部件，存在机械部件磨损，使用寿命不长，一般为 3 年左右，有些产品还需要定期拆下来检修。

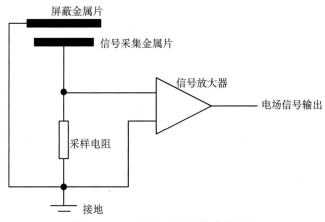

图 8 - 2 - 1　场磨式电场传感器原理

2. 非机械电场传感器

非机械电场传感器没有机械部件，典型的有 MEMS（微电子微机械）和电容构成，其中 MEMS 电场传感器集成在一块芯片内，这种电场传感器结构简单，没机械部件，故障率低，信号稳定，芯片结构适合大批量生产。成本随着批量增大，成本大幅降低。这种没有机械部件的传感器在军事上讲，更加隐秘不容易被敌方发现。MEMS 是精密仪器的发展方向。

8.2.1.2　绝对值预警和相对值预警

1. 绝对值预警

绝对值预警是用电场值的绝对值与设置的门槛值对比，实测值的绝对值大于门槛值即预警。但是，大气电场是空中的电场，当电场仪安装在地面，由于有各种干扰，比如电场仪安装高度、周边静电干扰等，电场仪监测的电场值大小差异很大，比如，同一台电场仪在同一个位置在同一时间段，地面采集的电场强度只有 50m 高建筑物楼顶采集的电场强度的 1/10 左右，如果按照绝对值预警，传感器安装高度等问题使得简单监测电场强度绝对值预警的准确率偏低，统计表明简单的电场值大小预警准确率低于 50%。

2. 相对值预警

相对值预警是计算电场的波动，用实测值的波动值预警。实际雷云带电不是单一的，内部有正电荷也有负电荷，雷云在积累电荷过程，内部正负电荷不断地放电引起电场剧烈波动，随着雷击的临近，波动越来越大。因此，监测电场的波动预警雷电更加科学，准确率更高，统计表明相对值预警准确率可达 80%。雷击与电场变化对应关系见图 8 - 2 - 2。

第一阶段：云中无电荷，电场数据变化不大，波形平缓，近似直流。

第二阶段：云带开始有电荷，电场开始有波动，数据有上下跳动。

第三阶段：云带的电荷快速增加，电场波动幅度增大，频次增加，电场相对值增大，此时发出预警信息。电场的相对值是连续两个电场绝对值之差的绝对值。相对值能表征电场值的波动特征。

第四阶段：开始雷击，电场剧烈上下快速波动，而且跳动的频次显著增加。

第五阶段：一阵强烈雷击后，电荷开始消散，电场波形逐步恢复平缓，此时解除预警。

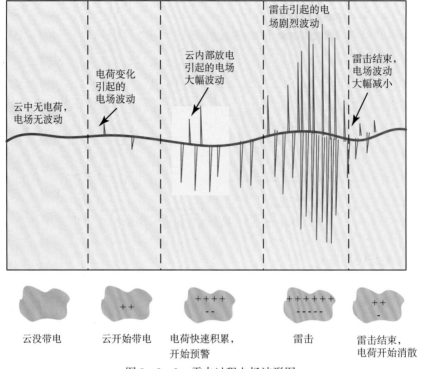

图 8 - 2 - 2　雷击过程电场波形图

8.2.1.3　L21 雷电预警系统原理

　　L21 采用 MEMS 电场传感器实时监测大气电场，相对值预警原理，预警时电源开关自动断开开关，雷击后开关自动闭合，L21 为国内首款防雷自恢复开关，国家发明专利产品。L21 雷电预警系统原理图见图 8 - 2 - 3。

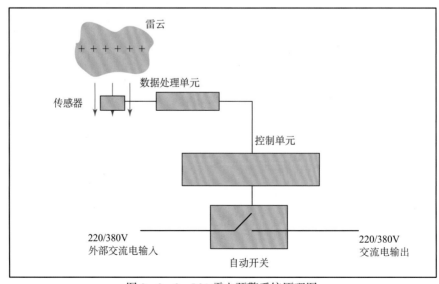

图 8 - 2 - 3　L21 雷电预警系统原理图

传感器：安装在室外，MEMS结构，实时监测大气电场。

数据处理：电场数据放大、A/D等处理，输出标准的232格式数据，数据通过光纤、无线等方式传输到控制单元，输出的数据包带ID。

控制单元：数据分析处理，发出预警声光报警信息和控制指令控制开关，存储了雷击总次数、开关自动断开总次数等数据。

开关：接收控制指令，自动断开和关闭。控制380/220V的通断，控制电流为32A，断开时彻底切断了雷电通路，保护设备。

8.2.1.4 L21雷电预警系统功能

L21雷电预警系统主要功能：

1. 预警雷电

提前10~30分钟预警雷电，发出声光报警信号，相对值预警，准确率高。

2. 开关自动跳闸

雷电预警时，开关自动跳闸，雷电后开关自动闭合。实时监测电池电压，当电池电压低于设置值（一般11.5V）时，开关强制闭合恢复交流供电，以免设备失电而停机。

3. 数据存储

保存了5~10km内的雷击总次数（开阔地带可记录10km内数据），开关跳闸总次数，电池欠压总次数。

8.2.1.5 L21雷电预警系统功能特点

1. 常闭式设计

只有L21正常工作并且监测到雷电后发出控制指令后开关才跳闸，其他情况开关都闭合，比如，L21关机、故障等情况下开关都闭合，常闭式设计保证设备的交流供电不受其他因素影响。

2. MEMS电场传感器

L21采用MEMS电场传感器，该传感器灵敏度高，采集稳定，使用寿命长。

3. 欠压强制恢复交流供电

当电池欠压时，开关强制闭合恢复交流供电，保证设备工作。在长时间雷击，电池即将耗尽时强制恢复交流供电，保证设备不断电。

8.2.1.6 L21雷电预警系统串口设置软件

V212串口设置软件用于对L21的设置。软件主要功能如下。

（1）设置串口：检查连接L21的是计算机的哪个串口，选择正确的串口号后点击"打开串口"按钮，串口设置软件V212界面图见图8-2-4。

（2）接收数据：串口正确，L21开机，则就有数据显示，每秒一条数据。数据格式为：

$00000001-0008.500660 0000006 00001 00000 11.5 12.46 00

从左到右：

$：数据开始符号。

00000001：八位设备ID，可设置。

图 8-2-4　串口设置软件 V212 界面图

-0008.5：电场值的大小。

00：报警状态，00 无报警，01 黄色报警，10 橙色报警，11 红色报警。

66：主数据结束标志。

0：测试中间值，0~9。

0000006：雷击总数，表示自安装以来周边 5km（安装高处或开阔地带 10km）内的雷击总次数，7 位数。

00001：开挂跳闸总数，表示自安装以来，雷击引起开关自动跳闸的总次数，5 位数。

00000：电池欠压总数，表示自安装以来，监控到的电池低于设定值的总次数，5 位数。

11.50：设置的电池欠压门槛值，单位 V。

12.46：实际测得的电池电压值，单位 V。

00：主开关状态，00 表示闭合，01 表示断开。

（3）参数设置：在左边窗口填写需要设置的参数，按"参数设置"即设置完成。成功后在右边窗口及数据里会显示。V212 参数设置界面图见图 8-2-5。

A：表示灵敏度，电场异常波动幅度值，默认为 5，如果太灵敏很远的小雷都报警，则改大到，比如 10，如果近距离雷不报警，则改小比如 3，不能有小数，单位 kV/m。

N1：黄色报警条件，默认为 3，即 5 分钟内有 3 次电场异常波动（电场波动值有 3 次超过 A 值）就报警，开关跳开。远处小雷报警则加大比如到 5，近距离雷不报警则改小比如 2，最大值为 9。

N2：橙色报警条件，默认为 6，即 5 分钟内有 6 次电场异常波动（电场波动值有 6 次超过 A 值）就报警，开关跳开。最大值为 9。

N3：红色报警条件，默认为 9，即 5 分钟内有 9 次电场异常波动（电场波动值有 9 次超

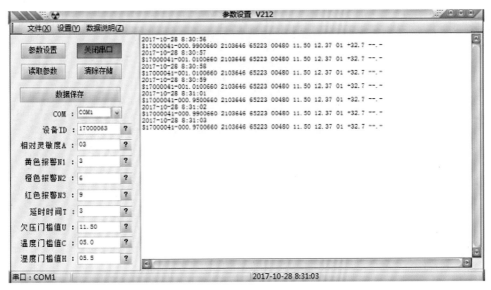

图 8-2-5 V212 参数设置界面图

过 A 值）就报警，开关跳开。最大值为 9。

T：结束报警等待时间，即触发报警后，等待 T 分钟才解除。

U：电池欠压门槛值，单位 V。

C：温度门槛值：当温度低于设置门槛值时，L21 不报警，开关不动作。排除低温干燥天气下的静电干扰。L21-E3 雷电预警系统采用了 MEMS 结构，排除了干燥天气影响，因此不再设有温度监测。

H：湿度门槛值：当湿度低于设置门槛值时，L21 不报警，开关不动作。排除干燥天气下的静电干扰。L21-E3 雷电预警系统采用了 MEMS 结构，排除了干燥天气影响，因此不再设有湿度监测。

（4）读取参数：按此按钮后，右边框会显示当前 L21 里的参数。

（5）清除存储：按此按钮后，会删除 L21 里存储的所有数据。

（6）保存数据：按此按钮后，会在 V212 所在文件夹自动保存一个以时间为文件名的 TXT 文件，保存数据。

8.2.1.7 L21 雷电预警系统远程集中控制软件

V312 为 L21 的远程集中监控设置软件，可以远程集中监控多套 L21 的工作状态，并远程设置参数等。主要功能如下。

（1）主界面：背景为一张 BMP 格式图，在 V312 文件夹里，文件名为 map，可以更换。图上红色图标表示没数据的 L21，故障；绿色表示工作正常，雷击标志表示正在报警。右下角有 L21 监控点的数量等提示。V312 参数设置主界面图见图 8-2-6。

（2）数据源设置：点击"设置"菜单，选择"数据源设置"。V312 参数设置界面图见图 8-2-7。

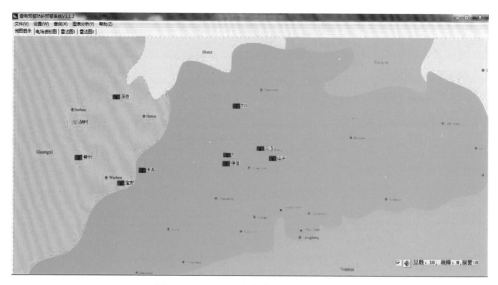

图 8 - 2 - 6　V312 参数设置主界面图

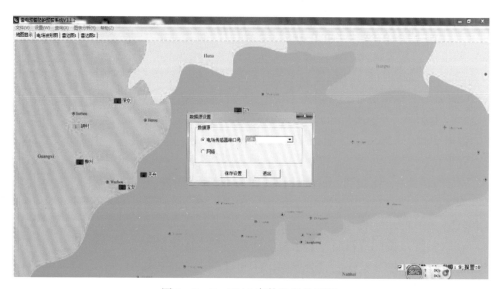

图 8 - 2 - 7　V312 参数设置界面图

（3）增加监测点：新增加的 L21 需要在远程的计算机上显示，需要增加监测点，在地图上找到 L21 的安装位置，然后右击鼠标，增加监测点，在如下对话框里填写 ID，这个 ID 是 L21 的 ID 号，L21 的出厂 ID 是条码号或者是 00000001，可以用 V212 读取和设置。V312 增加监控点界面图见图 8 - 2 - 8。

填写监测点名称，位置自动获取。按保存即可。

L21 的数据上来，只要对上 ID，某个点就显示绿色，表示正常。

（4）电场波形显示：双击 L21 的图标，显示该 L21 的电场波形。V312 电场波形界面图见图 8 - 2 - 9。

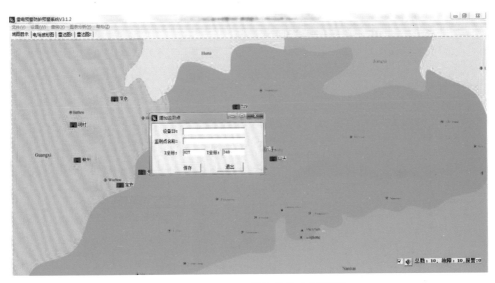

图 8-2-8 V312 增加监控点界面图

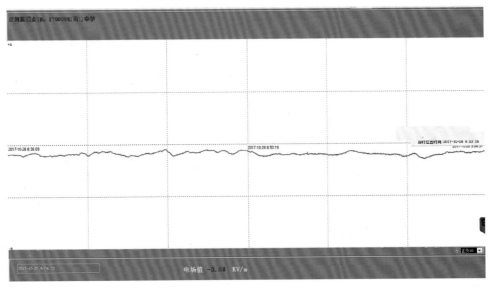

图 8-2-9 V312 电场波形界面图

（5）雷达图：在雷达图界面粘贴公网雷达图连接，点击"打开"显示雷达图，计算机必须可以上公网。V312 电场波形界面图见图 8-2-10。

（6）远程设置 L21 参数：

①进入远程设置界面：鼠标对准 L21 地图界面上监控点的图标，右击鼠标，显示"人工远程控制"，点击进入远程设置对话框。V312 远程设置界面图见图 8-2-11。

图 8-2-10　V312 雷达图连接界面图

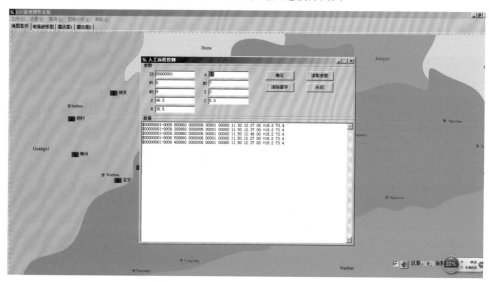

图 8-2-11　V312 远程设置界面图

②数据定义：上图中红色框内的数据定义与 V212 软件接收数据完全相同，详见前文。

③参数设置：参数设置方法与 V212 软件完全相同。见前文。由于远程传输可能不稳定，因此需要连续多执行几次按钮方可。

8.2.1.8　雷电预警系统主要性能

工作电压：12V 直流，110V 交流，220V 交流；工作电流小于 200mA。

接触器切换电流：32A，可定制更大电流。

数据输出：RS232 协议数据及设备状态输出，波特率 9600，约每分钟输出 60 组数据。

电场值：监测范围 20km，最大值 200kV/m，标准版的分辨率为 0.1kV/m，输出的电场值是经过了数据处理后的值。

灵敏度：可用 V212 工具软件设置设备 ID、报警灵敏度系数。

采样率：每秒采样 16 次。

设备 ID：8 位十进制数，通过 V212 软件修改。

雷电预警率 100%，虚警率小于 10%。

预警提前时间：大于 10 分钟（可通过设置来调整提前时间长短，与安装环境、地形地貌有关）。

平均无故障工作时间：大于 40000 小时。

工作温度：−40~+70℃。

8.3　雷电预警应用

8.3.1　雷电预警系统在设备防护中的应用

雷电预警在通信、铁路、地震野外基站等用于设备防护，其主要原理是雷击前自动断开外部交流电，彻底隔离雷电保护设备。L21 在通信基站安装图见图 8 − 3 − 1 和图 8 − 3 − 2。

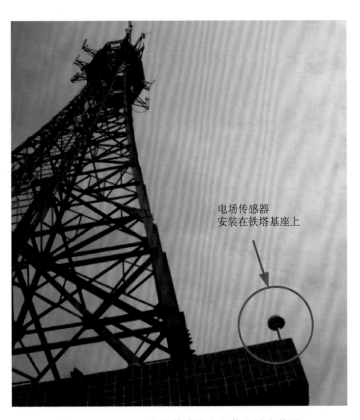

电场传感器安装在铁塔基座上

图 8 − 3 − 1　L21 电场传感器在通信基站安装图

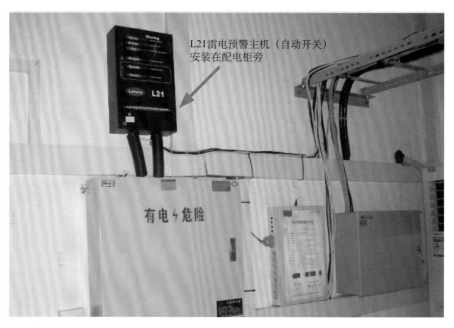

图 8 - 3 - 2　L21 主机安装在基站内总配电柜旁图

8.3.2　雷电预警系统在地震台应用

8.3.2.1　地震台站防雷新技术

IEC（国际电工委员会，其中第 81 分会专业负责雷电及防护的标准起草）等国际组织经过大量的调研，已经确认雷电预警是能大幅降低雷击灾害的有效措施，正组织起草相关国际标准。雷电预警作为一项新技术在地震台站应用多年，取得了预期的效果。

8.3.2.2　地震台站仪器设备防雷技术对比

地震台站建设在雷电环境非常恶劣的野外，雷击是地震台站的专用电源设备、专用仪器、通信设备等的主要故障隐患，其中，进入这些设备的雷电超过 70% 从配电线路引入，常规防雷技术主要是在配电线路中安装避雷器分流雷电流，但是最终还是有一小部分电流进入设备，而雷电预警则是自动断开电源开关彻底隔离雷电，雷电不会再进入设备。

1. 地震台站电源线路的常规防雷技术——分流技术

野外的地震台站的雷电主要从交流配电线路引入，按照相关标准，在配电线路上安装 B、C、D 三级或更多级的电源防雷器，I 为雷击电流，I_1、I_2、I_3、I_4 为各处雷电流，防雷器逐级把雷电流分流到地，理论和实验证明在配电线路安装常规防护措施后有大约 20% 以上的雷电流 I_4 会到达设备，当防雷器老化、线路接触不良、地网电阻升高等情况后这个比例还会更高。雷电流 I_4 会干扰仪器设备运行，同时加速仪器设备老化甚至损坏设备，增加了设备运行故障率。分流技术防护原理图见图 8 - 3 - 3。

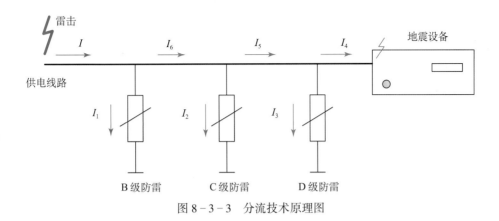

图 8 - 3 - 3　分流技术原理图

2. 地震台站防雷新技术——隔离技术

地震台站防雷新技术采用雷电预警技术原理，预警装置在雷击前自动断开交流供电开关 K 切换到台站电池或 UPS 供电，雷电流 I 被开关 K 隔离，$I_4 = 0$，不会到达后续仪器设备。隔离技术原理图见图 8 - 3 - 4。

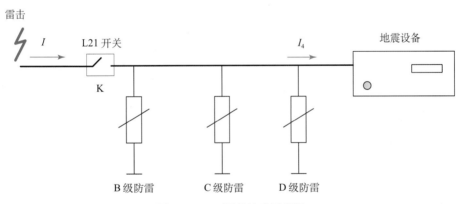

图 8 - 3 - 4　隔离技术原理图

8.3.2.3　防雷开关对地震台站的用途

L21 防雷开关（雷电预警防护系统）对地震台站有两大用途。

其一：彻底隔离雷电，保护台站电源、仪器等设备。

其二：防止雷雨天台站总开关跳闸，大幅减少台站维护工作量。

（1）彻底隔离雷电，保护台站电源、仪器等设备。

雷击前 L21 开关自动跳闸，隔离雷电，雷击后自动恢复交流供电。

（2）防止雷雨天台站总开关跳闸，大幅减少维护工作量。

雷雨天，地震台站由于仪器设备老化、或在雷电冲击下配电线路出现漏电造成工频大电流而使得台站电源总开关 K_1 跳闸，在一些无人值守的地震台站，维护人常常花几小时车程到达台站，只是重新打开台站的电源总开关 K_1。地震台站安装雷电预警后，防雷开关 K_2 在雷击前就自动断开了，此时，地震台站的总开关 K_1 是空载状态，没有负载，没有任何工作电流流过总开关 K_1，因此，地震台站即便有设备漏电、或绝缘不良等情况发生，由于 K_2 是断开的，不会有工作电流，$I=0$，所以电源 K_1 不会跳闸，雷击后 K_2 自动闭合，继续交流供电。所以，即便在雷雨天，台站也不会跳闸，减少了地震台站维护工作量。见图 8－3－5。

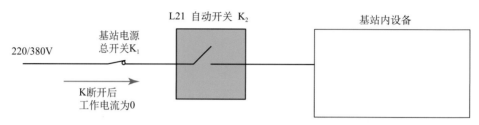

图 8－3－5　L21 雷电预警隔离雷电工作原理图

8.3.2.4　方案设计

L21 防护工作原理如下，如图 8－3－5 所示，台站电源开关 K_1 闭合，L21 开关 K_2 由于 L21 检测到电荷快速积累开始预警断开，将雷电隔离了。防雷器主要对开关保护。

L21 安装在电源柜内或台站开关旁墙壁上，以连接线尽量短为原则，L21 的进出线套阻燃管。外线 380V 电源线进台站总开关后再进 L21 自恢复开关，开关输出端再接台站负载，保留台站原来的避雷器。接线图见图 8－3－6。L21 传感器和主机的信号传输可以为无线、光缆等方式。

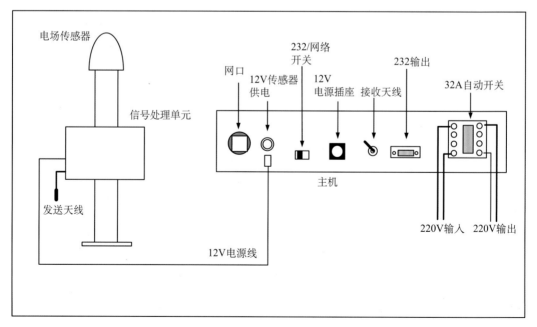

图 8－3－6　L21 接线图

8.4　雷电预警实际案例

8.4.1　雷电预警在通信行业应用案例

　　中国三大运营商的通信基站建设在高山或高楼顶，雷电环境恶劣，雷击会损坏基站内的设备，引起电源开关跳闸等。安装 L21 雷电预警（自恢复开关），雷击前自动切换到电池供电，隔离雷电保护设备。传感器安装在基站建筑物顶，铁塔基座的某个角处。传感器安装图见图 8 - 4 - 1。主机安装在基站内总配电开关旁，380V 交流配电线进入总配电箱后先进入总配电开关，总配电开关的输出接到 L21 的自恢复开关，自恢复开关的输出端再接到设备等控制开关，雷击时，L21 开关跳开，总配电开关处于空载状态，雷击时总开关也不会跳闸，因此，L21 解决了通信基站雷雨天跳闸、雷电从配电线入侵两大问题。L21 主机安装图见图8 - 4 - 2。

图 8 - 4 - 1　L21 电场传感器安装图

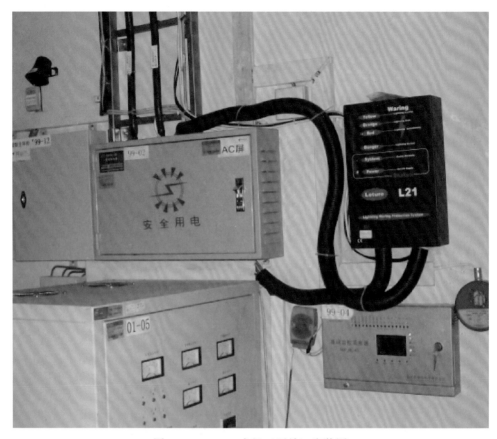

图 8 - 4 - 2　L21 主机（开关）安装图

8.4.2　雷电预警在地震台站应用案例

L21 传感器安装在地震台建筑物楼顶，周边的金属构架、广告牌、其他传感器等只要做好接地对 L21 传感器无影响。主机安装在室内 UPS 旁边，电源线先进 L21 的自动主开关，然后再到 UPS，L21 的供电由 UPS 输出 220V 供电或由 12V 电池供电。传感器到主机的布线要求尽量避开 380V 等强电线、避雷引下线等，光缆等布线应套 PVC 管。L21 传感器安装图见图 8 - 4 - 3，L21 主机安装图见图 8 - 4 - 4。

图8-4-3　L21传感器安装在地震台监测室楼顶图

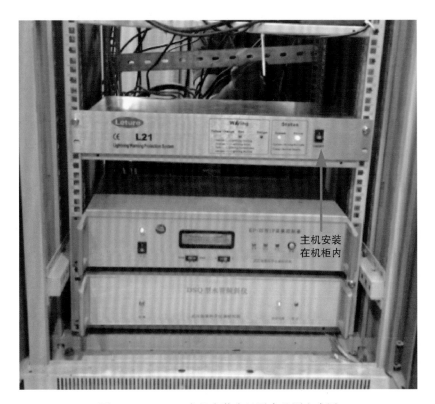

图8-4-4　L21主机安装在地震台监测室内图

9 地震监测仪器信号防雷设备选型

认识了解地震监测仪器信号防雷设备的型号、规格、接口类型、接头针数定义，熟悉掌握其使用环境要求，有利于地震台站防雷方案设计应用时，对地震监测仪器信号防雷设备进行选型和合理配置。

9.1 通信及信号线路防护技术

9.1.1 通信线路引入雷电分析

9.1.1.1 采集线

采集线是地震监测传感器和仪器之间的连接线，地震台站的传感器种类分为测震、形变、流体、电磁 4 大类，每类有多种规格，每款传感器有多种布线方式，布线长度须适应安装现场环境，因此，引入雷电的途径也不同。下面分析几类常见布线方式引入雷电的途径。

1. 室外明线布设或埋地布设的采集线路

地震仪器的传感器和地震监测仪不在同一个楼（室）内，信号采集线经过室外，这段室外的线路不论多长，只要地震台站附近落雷后，采集线都会感应到较强的雷电。

1）采集线明线架空布设

采集线直接室外架空的情况很少，但是存在，比如地电阻率的采集线。地震台站附近落雷后或近距离云闪（云之间放电），致使采集线附近的空间电磁场非常强，强烈的瞬变雷击电磁场使得采集线感应到很高的电压，一般都会在 1000～3000V 之间，架空采集线感应雷电的概率和强度与采集线的长度成正比。架空线引入雷电途径见图 9 - 1 - 1。

同时，架空的采集线很可能遭直接雷击，裸露的导线很容易遭直接雷击，这一点非常明显。不裸露带绝缘层的导线同样也会遭直接雷击，因为，这样绝缘层长期日晒雨淋早已老化有裂缝，缝隙里的金属就会成为接闪点，此时，采集线上的雷击电压会很高，遭直接雷击后线路上的电压一般会超过 3000V。所以，布线时不是万不得已时不要架空布设。

2）采集线明线布设

采集线沿地面或沿建筑物外墙布设最常见，部分浅埋地（埋地深度小于 30cm）也归于明线布设，有些布设套 PVC 管，有些布设套金属管，常见的测震采集线、流体仪器采集线等大部分都是这种布设方式。地震台站附近落雷后，雷击引起的空间电磁场非常强，采集线会感应到较强的雷电，一般不会超过 3000V。地震采集线室外明线布设引入雷电途径见图 9-1-2。

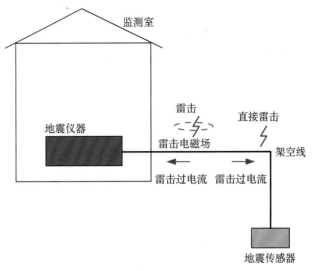

图 9-1-1　地震采集线室外架空

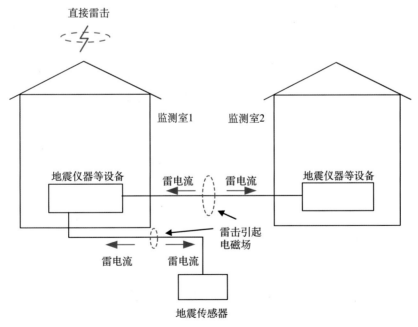

图 9-1-2　地震采集线室外明线布设

　　很多人认为套金属管布设的采集线路不会感应到雷击过电压了，这是一个误区，雷电的主要频率集中在 100kHz 区域，属于中低频，中低频信号的屏蔽措施技术上非常难实现，常用的 2.5mm 厚的金属管对这个频段的干扰屏蔽效果很差。试验表明，普通镀锌钢管对雷击屏蔽效果小于 20%，简单地理解为不套金属管信号线路感应 1000V 电压，套金属管后信号线还感应 800V 电压。金属管能有效地屏蔽 800MHz 以上的高频干扰，保证数据采集质量。

采集线明线布设如果与强电线（380V/220V）同一个线槽一起布设，则交流强电线的雷电会感应到采集线上，近距离线与线之间感应雷电的概率更大。

目前中大型综合地震台站，采集线明线布设比较多。比如，山洞内形变类传感器安装在山洞深处，而仪器或数据采集器一般摆放在山洞口监测室，这段采集线有几十米甚至超过 100m，而且山洞内还有交流电源线，这就是很典型的明线布设。实际运行经验表明山洞内深处的传感器、放大器经常遭雷击损坏，这也说明山洞内的采集线感应雷电概率高，强度也比较大。

采集线的明线布设方式是地震台站最常见的，采集线上的感应雷电的强度与线的长度、布线方式有关。

3）采集线套金属管埋地布设

十五时期，地震台站仪器数字化改造后，台站布线有很大的改进和完善，部分采集线已套金属管埋地布设，而且埋地深度不小于 30cm。

套金属管埋地布设时，金属管能有效地屏蔽高频干扰，提高采数据的质量。但是，如上所述雷电主要集中的 100kHz 的中低频，不能被屏蔽，同时几十厘米的土壤层也不能屏蔽雷电电磁场。所以埋地线路还是会被附近雷击感应到雷电。地震采集线室外埋地布设引入雷电途径见图 9-1-3。

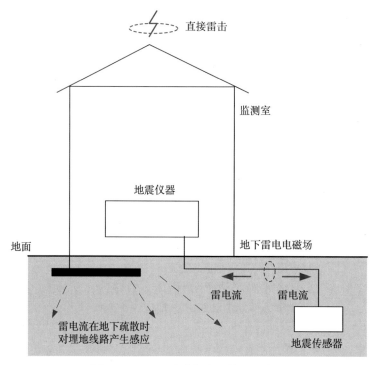

图 9-1-3　地震采集线室外埋地布设

同时，雷电流入地后疏散过程在地下土层中会产生电磁场，同样使得采集线也会感应到雷击过电压。但是，埋地的采集线感应雷击过电压会低很多，一般不会超过1000V。

采集线套金属管埋地后的主要作用是屏蔽高频干扰，如果从防雷角度来讲，埋地后套金属管和套PVC管的效果没有明显区别。因为无论是感应到1000V的电压还是3000V的电压都会损坏地震监测仪器和传感器。

2. 室内布设的采集线路

地震仪器和传感器在同一室内，或在一栋楼的不同房间内，这类采集线在室内布设很常见，比如，电磁仪器的采集线、部分测震采集线、部分流体采集线都属于室内布设。

这类线路上的过电压主要来自线与线之间的感应，强电线感应到弱电线，进出室外的线感应到室内的线。非框架建筑物内空间电磁场感应也是重要原因。

1）山洞内的采集线

大部分形变仪器安装在山洞内，传感器在山洞深处，仪器在山洞口的室内，两者之间的采集线短则几十米，长则过100m。山洞对外面的屏蔽性能很好，雷击时采集线上的过电压主要来自山洞内线路之间的感应。比如从山洞外进来的电源线与采集线并行距离超过几十米，一旦配电线上有雷电，很容易感应到采集线上。山洞口监测室的屏蔽性能比山洞差。山洞内采集线被感应过电压原理图见9－1－4。

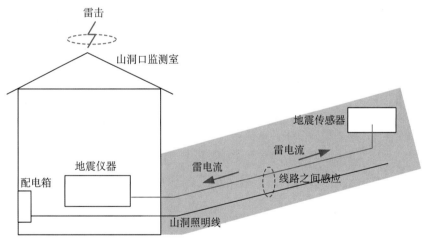

图9－1－4　山洞内采集线被感应过电压

2）室内采集线

部分测震仪和传感器、部分流体传感器和仪器在同一个室内，这些仪器的采集线都在室内布设，观测室一般是一层建筑物，一楼就是顶楼。建筑物遭遇落雷后，顶层内的电磁场非常强，然后随着楼层下降电磁场逐步减小。

监测室建筑物落雷或附近落雷时监测室内的雷击电磁场比较大，因此，室内的采集线会感应到雷电。通信、电力等行业为大幅减少雷电干扰，一些重要机房都不设在大楼的顶楼而设在大楼的底层，甚至设在地下楼层。室内采集线被感应过电压见9－1－5。

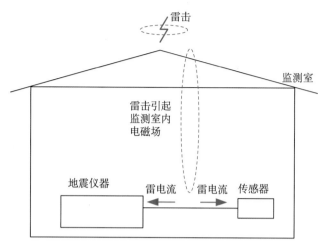

图 9-1-5　室内采集线被感应过电压

有些地震台站的建筑物不是钢筋混凝土框架式结构，只是普通砖瓦结构，这样的建筑物只能遮风挡雨，对雷电电磁场没有任何屏蔽作用，和室外无区别，这类建筑物室内雷击电磁场非常强。

室内采集线感应过电压的强度与线的长度、布线方式等有关。

9.1.1.2　高频馈线

地震台站的高频馈线主要有 GPS 线、卫星地面接收馈线等，这些屏蔽电缆从室外进来，因为屏蔽层只能屏蔽高频干扰，对中低频的雷电没有屏蔽作用，所以高频馈线会感应到较强雷电。室外的高频馈线被感应过电压原理见图 9-1-6。

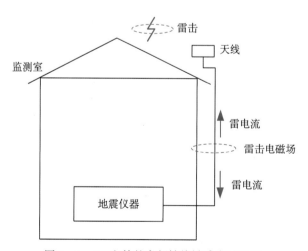

图 9-1-6　室外的高频馈线被感应过电压

9.1.1.3　RS232 数据线

地震台站的仪器绝大部分都配有 RS232 格式信号输出，这些线路基本都在室内布设，只是长短不一，与采集线感应到雷击过电压原理一样 232 线也会感应到过电压，而且 232 端口耐过电压能力更差（一般不超过 100V 瞬态过电压），更容易损坏。感应电压的大小与线的长度成正比，并与布线方式有关。室内的 232 线被感应过电压原理见图 9－1－7。

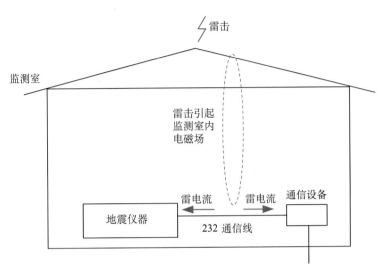

图 9－1－7　室内的 232 线被感应过电压

9.1.1.4　以太网络数据线

十五以后的地震仪器都配有以太网接口，这些线路基本都在室内布设，只是长短不一，与采集线感应到雷击过电压原理一样以太网线也会感应到过电压，以太网接口的耐过电压能力虽然比 232 端口耐过电压能力强，但是当感应到超过 300V 的过电压时，网口会损坏。感应电压的大小与线的长度成正比，并与布线方式有关。室内的以太网线被感应过电压原理见图 9－1－8。

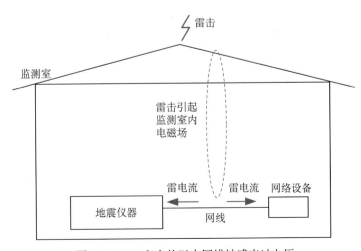

图 9－1－8　室内的以太网线被感应过电压

9.1.2　通信线路的防护措施

9.1.2.1　布线

合理的布线能减少线与线之间的干扰，布线从如下几方面考虑：

1. 强弱分开

室内的 220V 以上强电线路和采集线等弱电线路要分开布设，而且要求分开距离 50cm 以上或者各自套金属线槽布设，金属线槽全程多点接地。

2. 内外分开

进出建筑物的弱电线（采集线、通信线等）与在室内的弱电线分开布设，要求分开距离 50cm 以上或者各自套金属线槽布设，金属线槽全程多点接地。

9.1.2.2　安装合适的信号避雷器

地震台站信号线种类多，必须各自安装合适的专用信号避雷器。

1. 采集线

1）哪些采集线需要安装信号避雷器

进出建筑物的采集线必须安装高频信号避雷器，如果传感器端有放大器等设备的还需要在传感器端安装信号避雷器。室内的采集线长度超过 5m 需安装信号避雷器。

2）采集线信号避雷器选型原则

地震仪器的采集线是特殊的信号线，与普通信号线有很大的差异，采集线上传输的信号为高精度信号，对阻抗、衰减、分布参数等有非常严格的要求，普通信号防雷器无法满足其要求。而且采集线的芯线较多，接口特殊，无法用普通信号防雷器直接对接。地震仪的采集线包含测震、形变、流体、电磁四大类，每类有多款仪器，每款仪器的采集线的芯数、接口都不同，因此，采集线必须选用芯数、接口、工作电压、频率、阻抗等完全一一对应的信号避雷器。

2. 高频馈线

地震台站所有的 GPS、卫星接收馈线等都必须安装高频信号避雷器，避雷器的接口、阻抗、频率须满足设备要求。

3. RS232 数据

RS232 线尽可能改为光缆，如果不改，长度超过 5m 的 RS232 应该安装相应的信号避雷器。

4. 以太网线

以太网线尽可能改为光缆，如果不改，长度超过 10m 的网线应该安装相应的信号避雷器。

9.2　测震类仪器信号防雷器选型

9.2.1　测震仪器的分类

测震仪器主要有测震、强震等两大类，但是各品牌仪器的接口各异。比如，接口型号不同（主要是航空接头），接头的针数不同，接头内的针粗细不同，接头正装反装不同，接头各脚的定义不同，因此，每款仪器需要接口一一对应的信号防雷器。详见表 9-2-1。

9.2.2　测震仪器专用信号防雷器配置表

表 9-2-1　常用测震仪器、强震仪信号防雷器配置

仪器名称/型号	配置的信号防雷器名称/规格	配置的信号防雷器数量
EDAS-C24A 测震仪（强震仪）	19 芯测震仪采集线信号防雷器，A/B 两路，航空接头	2
	GPS 信号线防雷器（同轴）	1
EDAS-24IP 测震仪（强震仪）	19 芯测震仪采集线信号防雷器，A/B 两路，航空接头	2
	GPS 信号线防雷器（同轴）	1
EDAS-24GN 测震仪（强震仪）	26 芯测震仪采集线信号防雷器，A/B 两路，航空接头	2
	4 芯 GPS 信号线防雷器，航空接头	1
GDQJ-1A 强震仪	19 芯测震仪采集线信号防雷器，航空接头	1
	GPS 信号线防雷器（同轴）	1
GSMA-2400IP 强震仪	26 芯测震仪采集线信号防雷器，航空接头	1
	GPS 信号线防雷器（同轴）	1
DM-24 测震仪	26 芯测震仪采集线信号防雷器，航空接头	1
	10 芯 GPS 信号线防雷器，航空接头	1
DR-24 测震仪	10 芯测震仪采集线信号防雷器，航空接头	1
	6 芯 GPS 信号线防雷器，航空接头	1
SMART24 测震仪	32 芯测震仪采集线信号防雷器，航空接头	1
	10 芯 GPS 信号线防雷器，航空接头	1
ETNA 强震仪	19 芯测震仪采集线信号防雷器，航空接头	1
	GPS 信号线防雷器（同轴）	1
TDE 测震仪（强震仪）	16 芯测震仪采集线信号防雷器，航空接头	1
	GPS 信号线防雷器（同轴）	1

9.3　形变类仪器信号防雷器选型

9.3.1　形变仪器的分类

形变仪器主要有钻孔、洞体、重力等几大类，但是各品牌仪器的接口各异。比如，接口型号不同（主要是航空接头），接头的针数不同，接头内的针粗细不同，接头正装反装不同，接头各脚的定义不同，因此，每款仪器需要接口一一对应的信号防雷器。详见 9 - 3 - 1。

9.3.2　形变仪器专用信号防雷器配置表

表 9 - 3 - 1　常用形变仪信号防雷器配置

仪器名称/型号	配置的信号防雷器名称/规格	配置的信号防雷器数量
TJ - Ⅱ型体积式钻孔应变测量仪	7 芯应变采集线信号防雷器，A/B 两路，航空接头	2
	5 芯水位气压采集线信号防雷器，航空接头	1
	3 芯温度采集线信号防雷器，航空接头	1
ZNC - 11 应力仪	4 芯应力采集线信号防雷器，航空接头	1
	6 芯通信信号防雷器，航空接头	1
"九五" VS 垂直摆仪	9 芯输入线防雷器，DB9 接头	2
	3 芯输出放大器防雷器，航空接头	1
	4 芯输入放大器防雷器，航空接头	1
"十五" VS 垂直摆倾斜仪	3 芯输出放大器防雷器，航空接头	1
	5 芯输入放大器防雷器，航空接头	1
"九五" DSQ 水管仪	25 芯输入线防雷器，DB25 接头	1
	4 芯标定防雷器，航空接头	1
	7 芯信号放大器防雷器，航空接头	1
"十五" DSQ 水管仪	15 芯水管倾斜仪信号防雷器，DB15 接头	2
	4 芯水管仪步进电机控制线防雷器，航空接头	1~2
	7 芯水管倾斜仪信号放大器防雷器，航空接头	4~6
SSY 伸缩仪	4 芯伸缩仪标定防雷器，航空接头	2
	5 芯伸缩仪信号防雷器，航空接头	3
	4 芯伸缩仪标定放大器防雷器，航空接头	2
	5 芯伸缩仪信号放大器防雷器，航空接头	3

续表

仪器名称/型号	配置的信号防雷器名称/规格	配置的信号防雷器数量
SSQ－2 水平摆仪	7 芯水平摆信号防雷器，航空接头	1
	7 芯水平摆标定防雷器，航空接头	1
TJ－ⅡC 型体积式钻孔应变测量仪	25 芯应变接口信号防雷器，DB25	1
体应变辅助观测仪	5 芯水位信号防雷器，航空接头	1
	5 芯温度信号防雷器，航空接头	1
	5 芯气压信号防雷器，航空接头	1
CZB－1 垂直摆仪	25 芯体应变接口信号防雷器，DB25	1
YRY－4 钻孔应变仪	7 芯信号防雷器，航空接头	1
	19 芯信号防雷器，航空接头	1
RZB 分量仪	4 芯信号防雷器，航空接头	1
	5 芯信号防雷器，航空接头	1
沙层应力仪 SW－Ⅱ	4 芯信号防雷器，航空接头	1
分量式钻孔应变仪 RZB－2	4 芯信号防雷器，航空接头	1
	5 芯信号防雷器，航空接头	1
VP 倾斜仪	3 芯信号防雷器，航空接头	1
	4 芯信号防雷器，航空接头	1
	5 芯信号防雷器，航空接头	1
	5 芯信号防雷器，航空接头	1
	7 芯信号防雷器，航空接头	1
莱卡 GPS	同轴电缆防雷器，L9，TNC	1

9.4　电磁类仪器信号防雷器选型

9.4.1　电磁仪器的分类

电磁仪器主要有电类、磁类等两大类，但是各品牌仪器的接口各异。比如，接口型号不同（主要是航空接头），接头的针数不同，接头内的针粗细不同，接头正装反装不同，接头各脚的定义不同，因此，每款仪器需要接口一一对应的信号防雷器。详见表 9－4－1。对于磁类仪器，要求防雷器不带磁性材料，比如铁质外壳等都不行。

9.4.2　电磁仪器专用信号防雷器配置表

表 9 - 4 - 1　常用电磁仪器信号防雷器配置

仪器名称/型号	配置的信号防雷器名称/规格	配置的信号防雷器数量
FHD - 2B 质子磁力仪	4 芯地磁仪极化电流防雷器，航空接头	1
	4 芯地磁仪补偿电流防雷器，接线端子	1
ZD9A - 2 地电场仪	6 芯大地电场信号防雷器，接线端子	1
ZD8B 地电仪	4 芯地电仪防雷器，接线端子	1
M15 磁力仪	8 芯信号防雷器 COM1，航空接头	1
	9 芯信号防雷器 COM2，DB9	1
	同轴 GPS 信号防雷器，BNC	1
GM3 磁通门	10 芯仪器信号防雷器，航空接头	1
	同轴 GPS 信号防雷器，BNC	1
GM4 磁通门	8 芯仪器信号防雷器，航空接头	1
	8 芯仪器信号放大器防雷器，航空接头	1
	同轴 GPS 信号防雷器，BNC	1
H 型 EMAOS 地震地磁辐射观测仪	2 芯信号防雷器，接线端子	1
L 型 EMAOS 地震地磁辐射观测仪	4 芯信号防雷器，接线端子	1
S - L 型 EMAOS 地震地磁辐射观测仪	4 芯信号防雷器，接线端子	1
电磁波仪 TWG	同轴信号防雷器，N16	1
EEDMS 地磁波辐射仪	3 芯信号防雷器，接线端子	1
电磁波 CADC328	5 芯仪器信号防雷器，航空接头	1

9.5　流体类仪器信号防雷器选型

9.5.1　流体仪器的分类

流体仪器主要有温度、水位、综合观测等几大类，但是各品牌仪器的接口各异。比如，接口型号不同（主要是航空接头），接头的针数不同，接头内的针粗细不同，接头正装反装不同，接头各脚的定义不同，因此，每款仪器需要接口一一对应的信号防雷器。详见 9 - 5 - 1。

9.5.2　流体仪器专用信号防雷器配置表

表 9-5-1　常用流体仪信号防雷器配置

仪器名称/型号	配置的信号防雷器名称/规格	配置的信号防雷器数量
SZW-1A 数字式温度计	5 芯采集线信号防雷器，航空接头	1
WYY-1 型气温．气压．雨量综合测量仪	气象三要素气温信号防雷器	1
	气象三要素气压信号防雷器	1
	气象三要素雨量信号防雷器	1
LN-3A 数字水位仪	5 芯 5 芯	1
LN-3 数字水位仪	6 芯采集线信号防雷器，航空接头	1
RTP-1 三要素仪	5 芯气象三要素气温信号防雷器，航空接头	1
	5 芯气象三要素气压信号防雷器，航空接头	1
	4 芯气象三要素雨量信号防雷器，航空接头	1
PTH/R 三要素仪	5 芯气象三要素气温信号防雷器	1
	5 芯气象三要素气压信号防雷器	1
DSQ-1 模拟数据采集仪	5 芯地温集线信号防雷器，航空接头	1
	5 芯气压集线信号防雷器，航空接头	1
	5 芯气温集线信号防雷器，航空接头	1
	5 芯雨量集线信号防雷器，航空接头	1
	5 芯水位集线信号防雷器，航空接头	1
	5 芯氡信号集线信号防雷器，航空接头	1
	5 芯氡信号集线信号防雷器，航空接头	1
氡\氦\汞测量仪	2 芯信号防雷器，接线端子	3
TMC 洞温仪	5 芯集线信号防雷器，航空接头	1
ZKGD3000 水位仪信号防雷器	2 芯信号防雷器，接线端子	1
	2 芯信号防雷器，接线端子	1
	2 芯信号防雷器，接线端子	1

9.6　井下传感器防雷

9.6.1　井下传感器遭雷击分析

体应变、钻孔应变等深井传感器，一旦安装好，基本无法拆下来维护，一旦损坏可能会要废弃整个井，损失大。从"十五"开始的运行情况来看，这类井下传感器遭雷击概率大，部分省市的这类传感器基本上无一幸免，严重影响了正常监测。

井下传感器，无法在后期改造中增加防雷器等措施，虽然在仪器侧安装了信号防雷器，但是对传感器来讲作用不大。井下传感器感应雷电见图9-6-1，采集线感应到雷电后，整条线是过电压，地面仪器有防雷器保护，如果井下传感器没有防雷器则可能损坏。而且，当传感器被雷击损坏后直流电源短路，仪器的供电芯片因为过流而损坏。

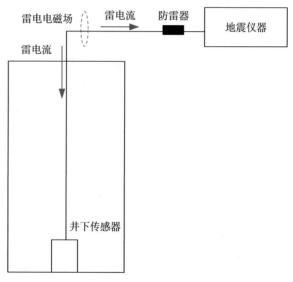

图9-6-1　井下传感器感应雷电

9.6.2　如何保护井下传感器

由于井下传感器安装时需要固封，而且井内一般都有水，无法后期安装防雷器。因此，井下传感器的保护措施必须在传感器封装时设计进去。每款传感器信号输出的接口、芯线数量、工作电压、信号频率、阻抗等不相同，需要针对每款传感器定制专用防雷器，而且要求防雷器体积小，可靠性高。

10 地震台站综合防雷典型案例分析

我国地震台站经过新一轮综合防雷改造，取得了较好的雷电防护效果。为了总结经验、便于推广，提升地震台站今后防雷建设的水平，特遴选部分综合观测台和观测站点实施的综合防雷案例，以飨读者。

10.1 合川云门台

10.1.1 台站概述

合川云门台位于合川区云门镇。合川区位于四川盆地东部，是重庆市北大门，地处中丘陵和川东平行岭谷交接地带。全市地貌特征是东、北、西三面地势较高，南面地势较低。北东走向的华蓥山基底断裂穿过合川辖区，台站位于华蓥山断裂北段的西侧，距断裂约 9km。该断裂具逆冲右行走滑性质。该区曾发生 1853 年 4.5 级和 1936 年 4.0 级地震。

据重庆市气象局资料，合川地区多数年份雷暴日为 60 天左右，部分年份超过 90 天达到多雷区标准。台站地处低山丘陵地区开阔地，周边 15m 范围内无高大树木遮挡，观测房西南侧外 5m 为农田，东北侧 3m 处为深沟，坡陡沟深近 30m，形成断崖地形，这种不连续、不平坦的地形不利于雷电流向四周泻放。台站投入观测运行以来，出现明显的雷击事故。如：2009 年 4 月 21 日，该台电源控制器受雷击损坏；2010 年 8 月 29 日，该台钻孔应变仪数采和网络设备受雷击损坏；2010 年 3 月 12 日，该台电源控制器受雷击损坏。

合川云门台观测房内有仪器室 1 间，摆房 1 间、电池房 1 间，观测房外有 GPS 墩 1 个，应变井 1 个，台站平面分布情况见图 10 - 1 - 1。观测房仪器室机柜内有 TDE - 324CI 测震数据采集器 1 套、Leica GPS 主机 1 台，电池间工作台上有钻孔应变仪 YRY - 4 数采 1 台。摆房内有 DS - 4A 地震计 1 台。GPS 传感器安装在观测墩上，观测墩距离仪器室 5m，通过信号线连接；RZB - 2 传感器布设在应变井下 38m 位置，观测井距离数采 4m，通过信号线连接。仪器设备连接情况见图 10 - 1 - 2。

合川云门台仪器室机柜内有电源控制器（型号：TDP - 300A）1 台，华三路由器（型号 AR18 - 22）1 台，宏电 CDMA 路由器（型号：7920）1 台，视频服务器 1 台，观测房门口、仪器室、摆房安装了红外摄像机（型号：DP - 6450）4 台，于 2007 年 4 月开始运行。

台站供电采用市电+电源控制器及后备电瓶方式。市电外线经过高 5m 电线杆架空引入到观测房外墙总控开处，再分两路给各房间供电，电源控制器 220V 交流输入采用的是仪器线路，输出 12V 直流电分别给测震数采、地震计、GPS 主机，路由器、交换机供电。钻孔仪数采供电采用单独的隔离电源输出 12V。

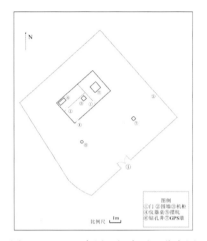

图 10-1-1　合川云门台平面分布图

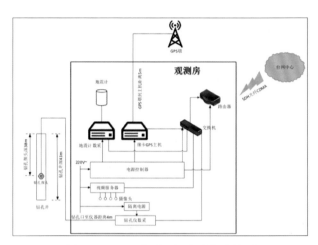

图 10-1-2　合川云门台设备连接图

合川云门台为"十五"项目新建站点，观测仪器较多，布线方面存在明显问题。首先，台站布线缺乏明确的规划设计和安装标准，造成仪器安装和仪器维修时布线不规范、不合理；其次是观测仪器在不同时期安装，2007 年上半年安装测震仪和 GPS 仪，2007 年底安装钻孔应变仪，2011 年安装强震仪，安装人员在布线及安装位置选择方面随意性较大，布线凌乱；第三，台站综合布线存在一些较明显的不足，如：超过 8 套仪器设备安装在仪器机柜内，包括交流供电线、仪器 12V 直流供电线、仪器信号线、仪器网线多达 10 多条，在机柜内出现强弱电线路间交叉、缠绕等现象，容易引起电磁互感，形成雷害隐患；多余的、冗长的线路散布在机柜内外，大量的线路未进行标签标识和捆扎，容易造成数据干扰。

10.1.2　隐患分析

台站现有防雷措施是 2007 年建台时实施的，主要包括下列四个方面：

1. 布设接地网

台站接地网建于 2007 年，为新建台站时布设，因缺乏施工管理和监督，缺乏接地网布设区域、面积、地网主材、布设方式等重要资料，无法判断接地网布设是否达标，2011 年 5 月测试接地网接地电阻值为 5.7Ω，超过 4Ω 的标准值。

2. 安装电源防雷器

台站仪器设备交流配电防护安装了两级电源防雷器，分别是交流配电进入观测房处安装了第一级电源防雷器（XPFL-60S），在仪器机柜前安装了第二级电源防雷器（XPFL-40S）。电源防雷器采用的是复合型一体电源防雷器，性能标准不够，防雷效能不足。

3. 仪器信号防雷器

台站观测仪器较多，但信号防雷器仅设计了测震数采的 GPS 天线信号防雷器，其他仪器均无任何信号线路防护。

4. 等电位连接

等电位连接不充分、不规范。接地母排到机柜接线柱采用 $10mm^2$ 铜芯线连接，机柜接线柱到测震数采机壳、GPS 信号防雷器采用 $1.5mm^2$ 连接，线径偏小；徕卡 GPS 主机、路由器、电源控制器均未进行等电位连接，等电位连接不全。

近年来台站雷击事故多发，造成多台套仪器损坏。2009 年 4 月 21 日，雷击造成台站电源控制器损坏，无输出；2009 年 8 月 29 日，雷击造成台站 YRY－4 分量钻孔应变仪数采损坏，华三交换机接口损坏；2010 年 3 月 12 日，雷击造成台站电源控制器损坏，无输出；2011 年 5 月 25 日，雷击造成钻孔应变仪数采损坏。

该台未做综合防雷改造。防雷措施存在以下几方面问题：

（1）台站建于 2007 年，已运行了 4 年多，台站地网布设不详、阻值超标。

（2）台站交流供电线路直接从电线杆架空引入观测室，未使用铠装电缆埋地引入，容易感应雷电。

（3）交流配电防护等级不够，只做了两级，且防护标准偏低；仪器供电线路未与照明、插座等供电线路分开。

（4）台站大部分观测仪器均未安装信号避雷器进行防护，特别是观测室外钻孔应变井信号线路未进行防护引入感应雷害隐患严重。

（5）台站观测强、弱电未分离，仪器机柜布线混乱，较容易造成电磁信号感应。

上述几方面防雷措施不到位是造成台站雷害严重的问题所在。由于上述方面措施不到位，造成台站雷害严重，影响了台站数据观测的连续性和正常运行。

10.1.3 方案设计

合川云门台防雷击改造方案是根据台站观测仪器布设情况及运行现状进行相应改造方案设计，主要包括交流供电防雷处理、信号线防雷处理、综合布线等措施组成。

本次防雷设计的目标是使台站网络布线效果达到一定程度的规范化，最大限度确保这些设备免受雷击干扰，使台站观测设备特别是前兆仪器在信号防雷、设备布线等方面规范化，使这些仪器系统及设备较长期的安全稳定运行。

1. 配电线路防护

针对配电线路防护方面存在的问题，结合台站供电实际，台站配电线路设置 C、D、D 级防护，如图 10－1－3 所示。

（1）设计交流供电通过铠装电缆埋地进入观测室，因台站土层较浅，预计埋地深度只能到达 0.5m 左右，埋地长度预计 30m，总长度预计 40m 左右。

（2）铠装电缆埋地进入观测房配电盒，安装 C 级电源防雷器，配 80kA（$8/20\mu s$）电源防雷器 1 台。

（3）观测仪器交流接入前安装串联 D 级防雷插座，形成 D+D 模式，配 10kA（$8/20\mu s$）电源防雷插座 4 个。

（4）台站观测房配电盒内设置独立总空气开关，下分设三条线路，分别为照明线路、仪器输出和备用插座线路，每条线路设置独立空开，并在开关上做好标记，以方便电源的开

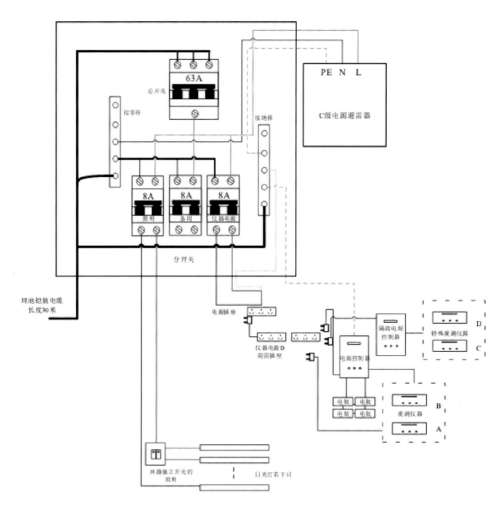

图 10 - 1 - 3　合川云门台配电线路防雷设计示意图

关控制和独立维护，避免用电乱拉线、乱拔插，影响地震观测仪器的正常供电。

2. 通信线路防护

台站采用 SDH 光缆通信，不需增加通信链路防雷处理。台站设备信号线路防雷安装列表如下：

（1）仪器室机柜内 TDE - 324 测震仪的信号线安装 LT - TDE - 19HK 信号防雷器 1 台，GPS 信号线安装 LT - GPS - T5 信号防雷器 1 台。

（2）电池间 YRY - 4 分量应变仪主测项信号线安装 LT - YRY - 19HK 信号防雷器 1 台，辅助水温、水位测项安装 LT - YRY - 7HK 信号防雷器 1 台。

（3）徕卡 GPS 观测仪信号线安装 LT - GPS - T5 信号防雷器 1 台。

3. 电磁屏蔽

将 TDE、YRY、GPS 等仪器和电源控制器外壳就近接到接地排，接地线采用线耳连接工艺,采用不小于 $6mm^2$ 的铜导线接地与等电位。台站地处雷击严重地区,且原接地地网布设情况不详、阻值超标,需重新布设接地网。接地网母线采用 $25mm^2$ 多股铜芯线引入仪器室机房附近的 LT－AZ－19 接地母排上,接地母排采用 $4mm×40mm$ 扁铜;用 $10mm^2$ 多股铜芯线从接地母排引入到仪器机柜接地柱上,电池间及仪器室机柜内所有仪器设备、防雷器采用 $6mm^2$ 多股铜芯线就近接地。所有接地线采用线耳连接工艺。

4. 线路整理

合川云门台的主要观测手段包括测震和前兆形变仪器两种,观测仪器有 3 台套。观测房内线路在安装调试过程中,原观测室线路布设比较凌乱;网络环境线路也尚未规范化梳理。台站防雷系统改造过程中,依照室内线路分类整理要求,对观测室和机柜线路进行梳理,强电线路与网络、弱电线路分开梳理,钻孔应变观测仪、GPS 观测仪及测震观测仪、网络路由器、交换机、直流电源设备、视频监控设备等相关线路分开整理,分别固定。

5. 接地网改造

台站原来地网接地电阻超标严重,拟重新布设避雷地网。据资料查证,台站所处区域土壤电阻率为 $120Ω.m$,接地网采用接地模块水平方式布设。台站采用共用接地方式,即仪器设备地、电源地共用一个地网。

6. 地网布设要求

(1) 根据台站具体情况,接地网布设在观测房 3m 外,接地网接地电阻要求小于 $4Ω$。

(2) 避雷地网采用非金属模块水平方式布设。

(3) 埋设接地模块时,接地体距地面应大于 0.7m。

(4) 采用非金属接地模块布设接地网,接地模块数量和布设面积根据台站土壤电阻率和环境确定,但不得小于 12 块,模块间距不小于 4m,布设面积要求在 $80m^2$ 以上。

(5) 接地模块间采用 $50mm×5mm$ 热镀锌扁钢或 $\phi25mm$ 以上铜芯线连接,连接方式和防锈处理不低于国家最新防雷技术规范要求。

(6) 所有焊接处均采用搭接焊牢,焊接长度应为扁钢宽度的 2 倍,焊接面不少于 3 个棱边,焊接处应做好防锈防腐处理。

(7) 将避雷地网用 $25mm^2$ 多股铜芯线引入观测室内接地母排,接地母排材质应采用 $4mm×40mm$ 的紫铜。

(8) 接地模块与降阻剂要求用同一品牌产品。

7. 接地模块技术指标

(1) 适应环境温度:$-30~60℃$。

(2) 适应环境湿度:$90%±5%$。

(3) 适应环境气压:$86~110kPa$。

(4) 外观检查,接地体核心部位要求表面平整无裂纹。

(5) 常温下($20±15℃$)固态电阻率 $\rho≤1.5Ω·m$。

(6) pH 值:$7~12$ 范围内。

(7) 接地体降阻效果稳定性:长期使用条件下接地体的电阻率变化应 $≤15%$。

(8) 冲击通流和工频通流试验后其工频阻值变化率应小于 $15%$。

8. 有关要求

（1）要求避雷地网使用寿命在 10 年以上。

（2）地网建成后的三年内接地电阻正常测试值要求小于 4Ω。

（3）接地体应添加长效防腐降阻剂，杜绝添加临时降阻剂（如工业盐等其他影响环境的添加剂），若发现添加工业盐以降低接地电阻，视为不合格。

（4）尽量将台站原有接地网焊接在一起，形成共用地网。

（5）铠装电缆沟与地网布设沟尽量不交叉，其间距在 0.5m 以上；铠装电缆沟与地网布设沟尽量不平行，其间距在 1.0m 以上。

（6）地网建设中所有材料必须符合国家标准。

（7）地网建设过程中不得影响地震台站观测。

（8）避雷地网测试时间为 2012 年内，由气象局、地震局、防雷公司共同检测并签字确认测试结果，最终由气象局出具相关检查报告（测试费用由防雷公司负责）。

（9）防雷公司确保台站接地地网接地电阻值连续三年检查不大于 4Ω，随时发现随时整改，整改合格后继续确保三年。

10.1.4　质量对比

以测震仪安装信号防雷器前后的背景噪声、波形记录及标定结果来分析观测质量是否发生改变。参见表 10-1-1 至表 10-1-3，图 10-1-4 至图 10-1-7。

1. 背景噪声

背景噪声：观测场地的噪声水平主要影响监测台站的监测能力。合川云门台在测震信号防雷器安装前后，该台站背景噪声均为Ⅰ类（Enl<3.16 * E-8m/s），不影响该台站的地震监测能力。

表 10-1-1　合川云门台站 2012 年 1 月 1~20Hz 频带地动噪声计算结果（安装前）

CQ	台站代码	台站名称	1~20Hz 频带 RMS/（m/s）			环境噪声水平级别	所属区域类别
			UD	EW	NS		
	YUM	合川云门	2.41E-08	4.06E-08	3.40E-08	Ⅰ	C

表 10-1-2　合川云门台站 2013 年 1 月 1~20Hz 频带地动噪声计算结果（安装后）

CQ	台站代码	台站名称	1~20Hz 频带 RMS/（m/s）			环境噪声水平级别	所属区域类别
			UD	EW	NS		
	YUM	合川云门	2.66E-08	3.33E-08	2.97E-08	Ⅰ	C

2. 波形记录

台站的波形记录质量包括震前地脉动，信噪比，初动方向，波形记录完整性等情况。合川云门台在测震信号防雷器安装前后，通过记录到的四川隆昌的地震前后比较，均能保证地震波形的记录质量。

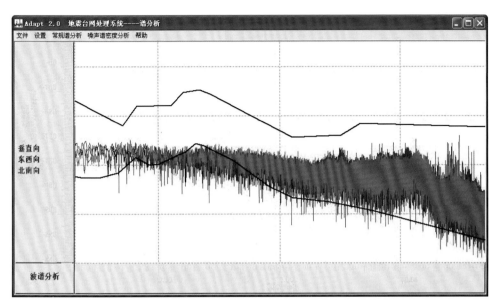

图 10-1-4 合川云门台 2012 年 1 月地脉动噪声功率谱密度分布图（安装前）

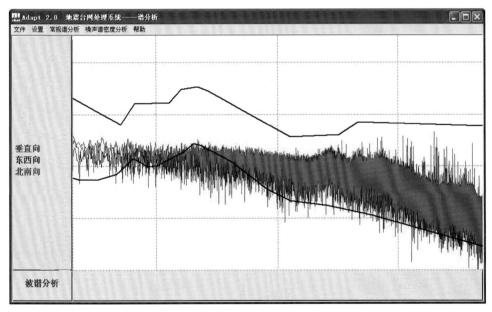

图 10-1-5 合川云门台 2013 年 1 月地脉动噪声功率谱密度分布图（安装后）

3. 标定结果

地震计标定：为了检验地震计的各项参数变化情况，短周期地震计每月进行一次脉冲标定，合川云门台在测震信号防雷器安装前后，通过标定波形计算出的地震计周期，阻尼以及灵敏度几乎没有变化（极微小的变化是由于气温等外部条件引起的，国家台网中心规定变

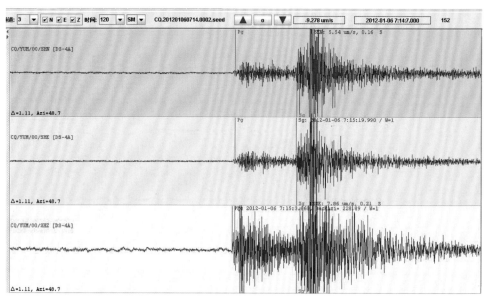

图 10 - 1 - 6　2012 年 1 月 6 日 07：14：43.2 四川隆昌 M_L2.8 合川云门台波形（安装前）

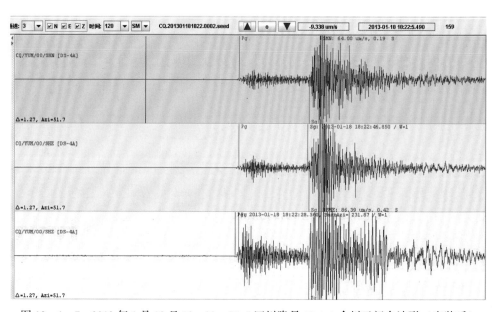

图 10 - 1 - 7　2013 年 1 月 18 日 18：22：05.5 四川隆昌 M_L4.1 合川云门台波形（安装后）

化在 10% 以内可接受），证明地震计能正常、稳定运行。

　　通过对比信号防雷器安装前后的背景噪声、波形记录及标定结果数据及记录特征，可以看出：信号防雷器的安装对仪器正常观测未造成任何影响。

表 10 - 1 - 3 信号防雷器安装前后标定结果对比

台网代码	台站名称	通道	开始时间	标定结果		
				周期	阻尼	灵敏度
2012	云门	BHE	2012.01.20 8：49	1.01	0.656	1839.5
	云门	BHN	2012.01.20 8：49	0.93	0.713	1841.6
	云门	BHZ	2012.01.20 8：49	1.02	0.666	1852.7
2013	云门	BHE	2013.01.26 8：49	1.002	0.656	1816.6
	云门	BHN	2013.01.26 8：49	0.930	0.710	1816.9
	云门	BHZ	2013.01.26 8：49	0.999	0.669	1850.7

10.1.5 运行

10.1.5.1 试运行概述

合川云门地震台在综合防雷改造的试运行期间，曾出现两次雷击事故，在分析和改进防雷措施后，台站仪器设备和防雷设备工作正常，达到了预期效果，经台站竣工验收检测各项工作均正常达标。

10.1.5.2 雷击事故分析

合川云门台综合防雷改造后试运行期间出现过两次雷击事故，雷害具体情况分析如下。

1. "6.28" 雷击事故

1）雷害概述

2012 年 6 月 28 日晚上的一次强雷击过程中，合川云门台 YRY 应变仪的数采与井内传感器遭雷击损坏。

2）现场情况

（1）强烈的雷击，损坏 YRY 数采及井下传感器，其他仪器正常。按照经验，这样的雷击，没改造前，会有多套仪器损坏。

（2）YRY 数采用 12V 电池供电，AB 电源充电。

（3）仪器厂家维修仪器时，数采内部+6VDC - DC 电源芯片损坏，数采内其他+6V 供电的负载电路没有损坏，12V 输入电路没有损坏，传感器进来的信号通路没有损坏。

（4）传感器在井内，无法取出，已经损坏。

（5）避雷器经过检测，启动电压、漏电流、残压等关键指标正常，无老化。

2. "8.31" 雷击事故

1）雷害概述

2012 年 8 月 31 日，重庆多地遭遇雷雨天气，其中合川台也遭遇到建台以来最大的一次雷击事故，损坏的设备有：C 级电源防雷器 2 个，D 级防雷插座 2 个，电源控制器一台，钻孔应变仪数采一台，辅助探头一个，钻孔应变仪信号防雷器一个。

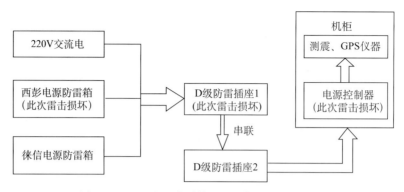

图 10-1-8　电源防雷箱和电源控制器损坏部分

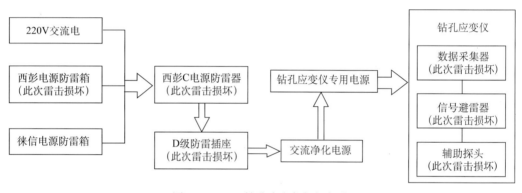

图 10-1-9　钻孔应变仪损坏部分

2) 现场情况

雷击事故照片如下。

图 10-1-10　防雷箱被击坏

图 10-1-11　信号防雷器被击坏

图 10 - 1 - 12　防雷插座被击坏

图 10 - 1 - 13　信号线接头被烧断

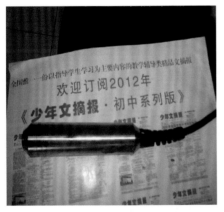

图 10 - 1 - 14　钻孔探头套管部分融化

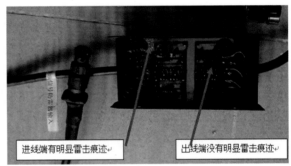

图 10 - 1 - 15　钻孔探头电路板内部雷击痕迹

10.1.5.3　原因分析与改进措施

1. 雷击原因分析

雷电经由合川云门台站的供电系统及公共地网进入台站观测系统，在台站供电系统遭受直击雷的同时，观测系统的仪器设备也遭受了感应雷的袭击，导致台站供电系统、防雷系统、钻孔应变辅助探头和数据采集器的损毁。

感应雷对仪器的损坏主要是带电云团接近台站时，由于单一雷云带电的单极性，台站仪器金属线路会产生大量的反极性感应电荷，短时间内形成高感应电压，这种过电电压会造成电子设备的损坏。而良好的静电屏蔽系统可以有效防止感应雷对仪器设备的损坏。建立良好的静电屏蔽系统必须满足两个条件：①闭合的屏蔽腔体；②安全高效的泄流通道。

2. 改进措施

（1）台站公共地网与钻孔应变仪接地分离。

经过台站综合防雷改造工程后，符合规范要求的台站防雷地网接地电阻一般为≤4Ω，而钻孔应变仪的钻孔套管接地电阻一般为≤2Ω，比台站公共接地地网接地电阻稍低。一旦公共地网上有强雷电，在地网上一次没有泄完而通过接地铜排、接地线向观测系统回流，与钻孔井套管密切接触的钻孔辅助探头极有可能成为雷电的另一泄流通道。

　　根据上述原因，必须将台站公共地网与钻孔应变仪的接地分开，阻断这一雷电泄流通道。我们认为"钻孔井套管是最好的接地体"，利用这一接地体进行泄雷，我们将台站公共地网与钻孔应变仪接地分开。具体做法为：

　　①修建的台站公共地网应距离钻孔井至少5m以上，建议使用长效接地模块修建公共地网。

　　②在钻孔套管上焊接三个直径大于12mm的不锈钢螺丝（铁螺丝极易被腐蚀生锈），按照图10-1-16的方式将一根大于16mm^{2}的多股铜线电缆使用铜质线鼻子与套管连接建成钻孔仪器专用接地体。

　　③连接后进行防锈处理，一般采用沥清漆涂刷。该接地线另一端与钻孔仪主机、数据采集器的接地柱连接。

图10-1-16　钻孔井套管与铜质电缆线的连接方法

　　（2）屏蔽处理。

　　首先将探头内电路信号地、电源地与探头外壳断开，再将辅助探头的电缆屏蔽层在探头内部与金属外壳焊接，另一端将屏蔽层与航空插头金属外壳进行连接（图10-1-17）。

　　使用前要用万用表测试探头外壳是否与航空插头外壳连通良好，目的是将探头内部电路板、信号线以及供电线置于闭合的金属腔体内。

　　经过接地分离、屏蔽处理这两步后，探头内的电路板、电缆线内的导线、包括钻孔主机的壳体内部都处于全闭合的金属腔体内，已经组成了完整的腔体接地。下面这两步是我们在防雷工程中多次强调的"线路屏蔽"，也就是大家在防雷工作中最容易忽视、出错的地方。

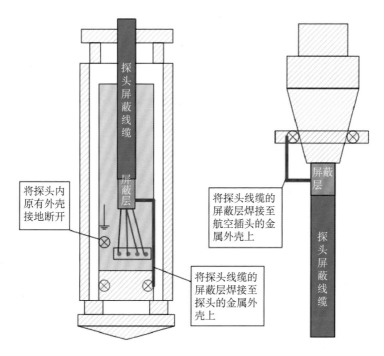

图 10 - 1 - 17　电缆屏蔽层与探头外壳及航空插头的连接方法示意图

（3）钻孔应变仪的供电须采用直流隔离电源。电源线应使用两芯屏蔽铜线，连接方法与探头电缆线连接方法一致：该屏蔽电源线一端的屏蔽层与隔离电源金属外壳相连接，另一端与航空插头外壳相连接。连接到主机上后即又组成了一个闭合的静电屏蔽系统。

（4）钻孔应变仪数据采集器与台站路由器最好能采用光纤连接。没有条件使用光纤的，须将台站普通五类网线及无屏蔽水晶头改为超六类屏蔽网线和屏蔽水晶头（屏蔽网线的屏蔽层两头应与屏蔽水晶头外壳相连接）。

另外，还需注意一点：检查进入台站的外网光纤是否带有钢丝，如果光纤带有钢丝，是不能直接接进机柜的，光纤收发器应安装在距离机柜 60cm 以外的墙上，并确保钢丝与光纤收发器金属外壳接触良好，有条件的台站可以在光纤进入观测室前将光纤钢丝就近接地。

图 10 - 1 - 18 是一个完整的接线示意图，隔离电源后方的所有电线、探头数据线及网线均要求采用带屏蔽层的线缆，屏蔽层与各仪器金属外壳相连。这样屏蔽层和金属壳以内的电路、电子元器件等，都处在一个完整的"静电屏蔽保护腔"中，接地后，内部元器件不再受到外电场的任何影响，而且屏蔽层上电位也处处相等，最后经过"套管接地"进行泄流。

10.1.5.4　改进后运行

重庆合川云门台在 2012 年 9 月未改造前，每年出现 3 次及以上雷击故障，严重影响了观测数据质量，增加了运维压力和运维经费。2012 年 11 月，利用静电屏蔽这一原理对该台做了改造处理以后，再没有出现过因雷击而损坏仪器元件的情况，同时，因仪器防雷效果的提升，仪器工作稳定，相对也减少了其他类型的故障，保障了观测数据质量，改造前后仪器故障对比见表 10 - 1 - 4。

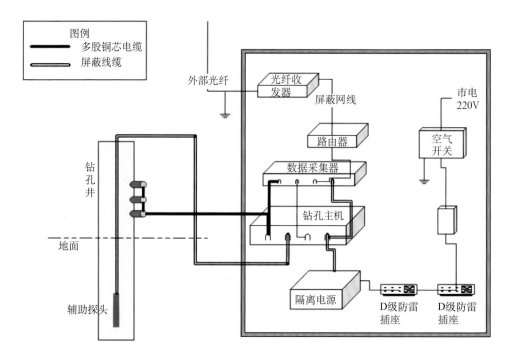

图 10 - 1 - 18　静电屏蔽连接方法示意图

表 10 - 1 - 4　合川云门台 2010~2015 年故障次数统计

年度	2010	2011	2012	2013	2014	2015
雷击故障次数	10	3	4	0	0	0
其他故障次数	5	2	9	1	2	0

10.2　天津静海台

10.2.1　台站概述

　　静海台位于天津市静海区梁头镇小李庄村。静海台是国家地磁基准台，始建于 1975 年，主要从事地震前兆观测，以磁电观测为主，至今已有连续 30 多年的观测资料。地处"华北地台""河北凹陷区"的"沧县隆起"上，东距大城断裂约 2.5km。台站为平原地貌，地表岩性为松散沉积结构，四周为农田，附近无较大河流和湖泊，地形平坦。距天津市区 40km，距北京市区 120km，均有高速公路相通。

　　天津地区年平均雷暴日为 28 天，5~9 月多发，占全年的 89%。天津市初雷暴在 4 月，终雷暴于 10 月。台站投入观测运行以来，出现明显的雷击事故。2008 年 6 月 28 日，静海台 PTH 气象三要素仪遭遇雷击死机，核旋仪主板损坏，光电转换器烧毁；2011 年 7 月 16 日，静海台 PTH 气象三要素仪遭遇雷击报废，SZW－1 数字式温度计主机出现故障。

台站涉及地磁、地电、流体、测震等多个学科。其中办公楼内有 ZD9A 地电场仪 1 套、N－MT（地电场部分）1 套，地磁相对观测室有 FHDZ－M15 自动化地磁台站系统 1 套、GM－4 磁通门磁力仪 1 套、N－MT（地磁部分）1 套，流体观测室有 LN－3 数字水位仪 1 套、SZW－1 数字式温度计 1 套、EDAS 测震仪 1 套，实验室有 FHD－2B 质子矢量磁力仪 1 套。

10.2.2 隐患分析

静海台所有室外配电线路均采用铠装电缆地埋方式铺设，未做综合防雷改造，防雷措施存在的问题较多：

（1）台站总供电电源未进行电源防护，未安装三相电源防雷器。

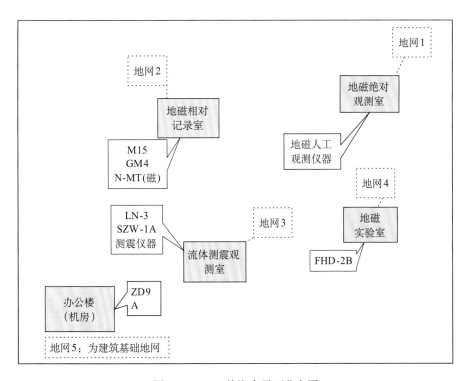

图 10－2－1 静海台平面分布图

（2）台站流体观测室、计算机室、电器室、实验室等未进行电源防护，安装单相电源防雷器。

（3）台站仪器信号线路未安装信号防雷器。

（4）由于台站仪器在不同时段安装，未做统筹安排，造成仪器接线混乱，强、弱电线未分开走线，容易出现电磁感应等现象影响仪器数据。

上述几方面防雷措施不到位造成台站雷害严重。因为雷害事故，严重影响了台站数据观测的连续性和正常运行。

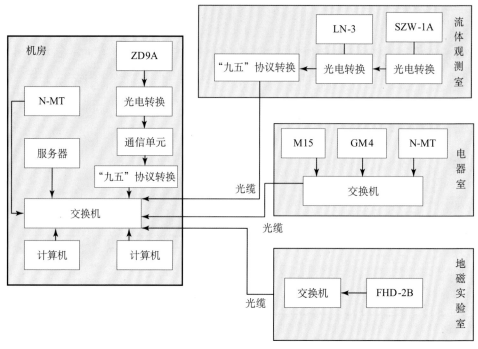

图 10 - 2 - 2　静海台仪器设备连接示意图

其主要隐患：

（1）台站综合防雷意识淡薄，缺乏综合防雷统一设计。

（2）配电线路防雷级数不够，由于配电没有比较完善的防雷击措施，因此雷击时，雷电流沿配电线路入侵到台内用电设备造成损坏。

（3）主机与传感器、外线路之间防雷措施不够，未安装专用信号防雷器，容易引入雷电，特别是外线路直接接入到室内主机，容易将雷电引入观测设备。

（4）需要通过改善接地技术、布线工艺以减少雷电电磁场干扰和地反击危害仪器设备。

（5）各种线路布设不规范，强弱电没有分开，线路过多，数据电缆线过长；通信线路、信号线路等没有进行有效防雷防护，容易因线长、交叉而感应到雷电等问题。

10.2.3　方案设计

静海台防雷改造采取综合防雷方式，把整个台站作为防范统一的区域，以防感应雷为主，增加交流配电的防雷级数，加强信号防雷措施，重视接地布局和各种线路的布线及其工艺，以减少雷击电磁场和地反击所造成的雷害的思路开展防雷改造。根据区域防雷、电源进线防雷、通信线路防雷和传感器信号线防雷四项技术，充分结合当地地理、地质、气候、环境条件等台站实际条件，全面规划，综合防范。本次升级改造内容主要包括电源防雷，信号线防雷，电磁屏蔽，接地与等电位，整理线路等内容。

1. 配电线路防护

按照相关标准，配电线路设置 B、C、D 三级防护，如图 10-2-3。

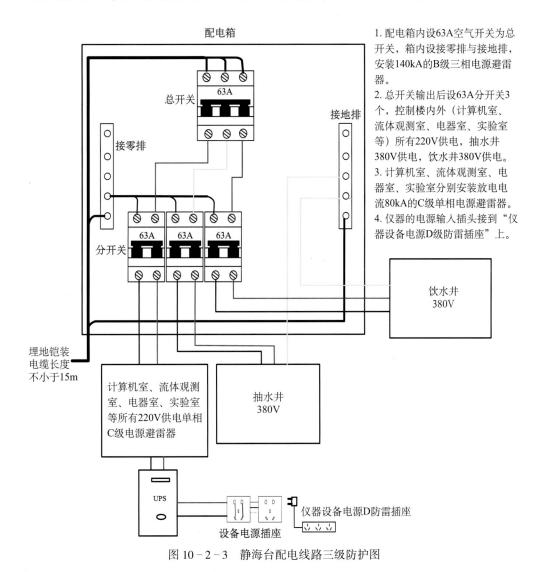

1. 配电箱内设63A空气开关为总开关，箱内设接零排与接地排，安装140kA的B级三相电源避雷器。
2. 总开关输出后设63A分开关3个，控制楼内外（计算机室、流体观测室、电器室、实验室等）所有220V供电，抽水井380V供电，饮水井380V供电。
3. 计算机室、流体观测室、电器室、实验室分别安装放电电流80kA的C级单相电源避雷器。
4. 仪器的电源输入插头接到"仪器设备电源D级防雷插座"上。

图 10-2-3　静海台配电线路三级防护图

（1）台站总配电室安装 B 级电源防护设备，三相 B 级电源防雷器 1 台，设接零排与接地排。

（2）台站总配电室设总开关，总开关输出后设 3 个分开关，并做好标记。其中，最左边单相空气开关控制楼内外（计算机室、流体观测室、电器室、实验室等）所有 220V 供电；中间三相空气开关，控制抽水井的 380V 供电；右侧为三相空气开关，控制饮水井的 380V 供电。

（3）台站计算机室、流体观测室、电器室、实验室分别安装 C 级电源防护设备，配 PB6-80-1S 型单相 C 级电源防雷器，共计 4 台。

（4）台站计算机室、电器室、实验室全部安装 D 级防护设备，配 LT‑PS6 防雷插座，仪器设备插在 LT‑PS6 上，共计 6 台。

2. 通信线路防护

（1）计算机室内的 ZD9A 电场仪的外线路进线端串联安装两个信号防雷器，共计 2 台。

（2）流体观测室内的 LN‑3 数字水位仪的探头信号线安装信号防雷器，共计 1 台。

（3）流体观测室内的 SZW‑1A 数字式温度计的探头信号线安装信号防雷器，共计 1 台。

（4）电器室内的 GM4 磁通门磁力仪安装信号防雷器，共计 1 台，安装 GPS 防雷器，共计 1 台。

（5）电器室内的 M15 安装信号防雷器，GPS 安装 LT‑GPS‑B5 信号防雷器，各 1 台。

3. 电磁屏蔽

将仪器和电源控制器外壳就近接到接地排，接地线采用线耳连接工艺，采用不小于 $6mm^2$ 的铜导线。

4. 接地与等电位

计算机室、流体观测室、电器室、实验室安装接地母排，所有需要接地的仪器设备、机柜、防雷器等设备均就近接到该母排，接地线用不小于 $6mm^2$ 的多股铜导线，接地母排用不小于 $10mm^2$ 的多股铜导线连接到主地线，接地线采用线耳的连接工艺。

5. 线路整理

静海台主要观测手段包括地电、地磁、流体三种，观测仪器有 6 台套。观测室内线路在安装调试过程中，原观测室线路布设比较凌乱；网络环境线路也尚未规范化梳理。

室内线路要分类整理的要求：

（1）强弱电线分开，分别套金属线槽铺设，金属线槽应接地。

（2）线路整理为平直有序，多余较长的线要分别盘整，各线分别用线扎扎好，各类线分别用软质 PVC 不干胶做出标记（油性笔标记）。

（3）多余无用的线要拆除。

（4）室内没屏蔽的强电线和弱电线距离主地线平行距离应不小于 0.5m。

6. 地网改造设计

静海台总配电室电源接地采用办公楼楼顶防雷网，将不小于 $10mm^2$ 电源接地线与办公楼楼顶防雷网的接地钢筋用管箍拧紧，并用高压胶布缠紧。

10.2.4　质量对比

静海台 LN‑3 数字水位仪 2012 年 5 月 21 日 14 时安装 LT‑SWY‑6HK 型 10kA 信号防雷器，仪器外壳接地断开后引起数据突跳，5 月 22 日 06 时仪器外壳重新接地后，数据恢复正常。

经过几个月的运行，台站仪器运行正常，产出数据未再发现异样情况。

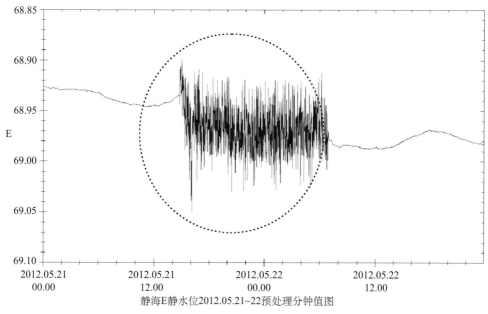

静海E静水位2012.05.21~22预处理分钟值图

图 10 - 2 - 4　静海台 LN - 3 数字水位仪静水位 2012 年 5 月 21~22 日分钟值图

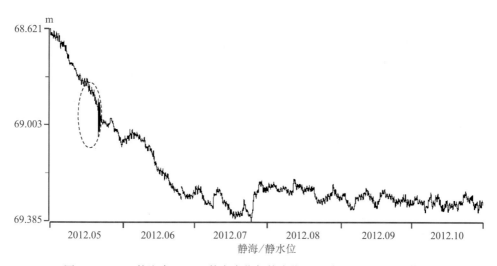

静海/静水位

图 10 - 2 - 5　静海台 LN - 3 数字水位仪静水位 2012 年 5~10 月分钟值图

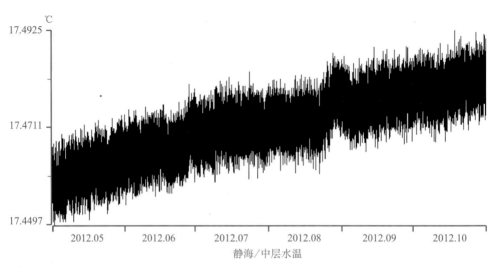

图 10 - 2 - 6　静海台 SZW - 1 数字式温度计中层水温 2012 年 5～10 月分钟值图

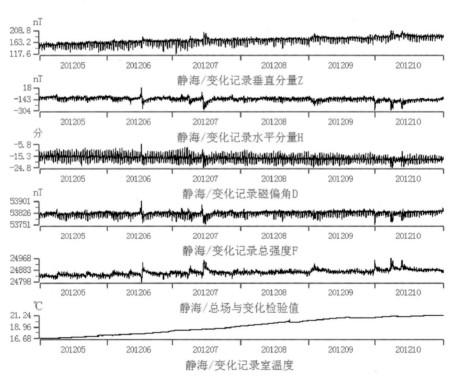

图 10 - 2 - 7　静海台 FHDZ - M15 自动化地磁台站系统 2012 年 5～10 月分钟值图

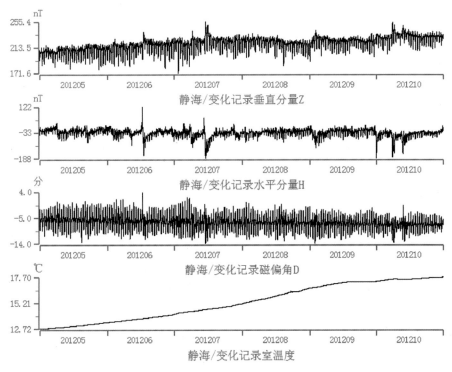

图 10 - 2 - 8　静海台 GM - 4 磁通门磁力仪 2012 年 5~10 月分钟值图

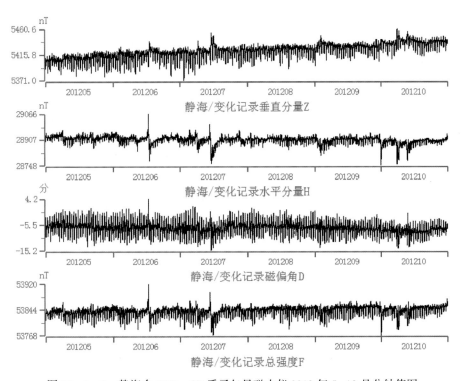

图 10 - 2 - 9　静海台 FHD - 2B 质子矢量磁力仪 2012 年 5~10 月分钟值图

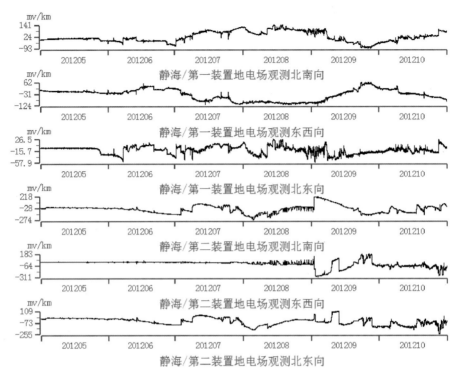

图 10 - 2 - 10　静海台 ZD9A 地电场仪 2012 年 5~10 月分钟值图

10.2.5　运行

经过几个月的运行，台站防雷设备运行正常，未发现异样情况。

10.3　辽阳地震台（石洞沟）

10.3.1　台站概述

辽阳地震台属省级地震台站，台站位于辽宁省辽阳市宏伟区龙石风景区内，辽阳地震台现有测震、流体、形变、应变共四类 8 台套观测仪器设备，石洞沟山洞位于辽阳市宏伟区曙光镇前进村南侧的石洞沟龙石公路西侧的山体上，洞口位于该山体东坡，距龙石公路仅 50m 左右。洞址区所在的山林，走向近于南北向，山体大部分被植被覆盖，山洞两端地势起伏较大，呈西高东低之势，岩性为花岗岩。洞室进深 90m，顶覆盖 33m，侧覆盖 40m，日温差<0.03℃，年温差<0.5℃。安装有测震、强震、水管仪和伸缩仪 4 台套仪器。

辽阳地震台石洞沟山洞位于辽阳市区东南，年平均雷暴日 26.9 天，属于中雷区。

台站有高压线路引入，设置独立变压器，变压器到山洞配电箱采用铠装电缆埋地敷设，距离为 20m。总配电引入 380V 交流电，山洞照明、仪器供电等设置独立空气开关控制。观测室安装了山特 2kV·A UPS 电源 1 台。

　　山洞内安装了 4 套地震观测仪器，包括：EDAS－24IP/BBVS－60 测震观测系统 1 套、GSMA－2400IP/BBAS－2 强震动观测系统 1 套、DSQ 水管倾斜仪 1 套、SSY 铟瓦棒伸缩仪 1 套。

　　台站仪器布线未做统筹安排，比较混乱。山洞建设初期，观测室计划设置在山洞口处，水管仪和伸缩仪在仪器安装时信号线路预留线缆较长，后期将观测室设置在山洞中部，多余的线缆达数十米，十多根线缆堆积在一起，需要进行处理。另外，1 台机柜内装有 4 台仪器的主机和数采，非常拥挤，给仪器维修和信号防雷器的安装带来诸多不便。根据实际情况，需要新增 1 台机柜，将 4 套仪器及线路重新布设。参见图 10－3－1 至图 10－3－5。

图 10－3－1　辽阳地震台（石洞沟）山洞

图 10－3－2　辽阳地震台（石洞沟）山洞

图 10 - 3 - 3　辽阳地震台（石洞沟）
观测室机柜

图 10 - 3 - 4　辽阳地震台（石洞沟）
观测室布线情况

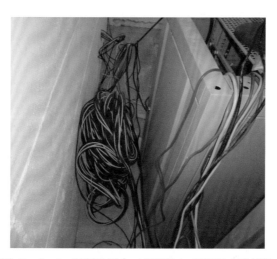

图 10 - 3 - 5　辽阳地震台（石洞沟）观测室布线情况

10.3.2　隐患分析

台站现有的防雷设施是在 2012 年台站迁址新建时建设的，主要雷击隐患包括以下几个方面：

（1）台站综合防雷意识淡薄，缺乏综合防雷统一设计。

（2）变压器到台站总配电箱已采用铠装电缆埋地方式，但总配电箱处未安装电源防雷器，对于雷电的防护能力有限，不满足台站电源防雷要求。雷击时，雷电流沿配电线路入侵到台内用电设备造成损坏。

（3）台站仪器信号线未安装信号防雷器进行信号防护，主机与传感器、外线路之间防雷措施不够，未安装专用信号防雷器，容易引入雷电，特别是室外 GPS 天线直接接入到室内主机，容易将雷电引入观测设备。

（4）山洞口观测室接地网布设简易，地网面积、接地体数量等均不符合要求，未使用降阻剂，接地电阻达到 20Ω，需要通过改善接地技术减少雷电电磁场干扰和地反击危害仪器设备。

（5）各种线路布设不规范，强弱电没有分开，线路过多，数据电缆预留线路过长；通信线路、信号线路等没有进行有效防雷防护，容易因线长、交叉而感应到雷电等问题。

10.3.3　方案设计

防雷击改造方案是根据台站观测仪器布设情况及运行现状进行相应改造方案设计，主要包括交流配电线路防护、仪器信号线路防护、接地与等电位处理、综合线路整理等内容。

防雷设计的目的是使台站网络布线效果达到一定程度的规范化，最大限度确保这些设备免受雷击干扰，使台站观测设备在信号防雷、设备布线等方面规范化，使这些仪器设备能够长期、稳定的运行。

10.3.3.1　配电线路防护

按照相关标准，配电线路设置 B、C、D 三级防护。

（1）台站总配电安装 B 级电源防护设备，配 140kA（8/20μs）三相 B 级电源防雷器1 台。

防雷器安装在配电箱旁的墙上，通过空开接线到总配电开关的进线端，并用不小于 10mm² 的多股铜导线就近接到配电的 PE 排，接地线采用线耳连接工艺。

（2）台站总配电 B 级电源防雷后端安装 80kA（8/20μs）单相 C 级电源防雷器 1 台。由于两级防雷距离不足 5m，按照相关要求加装退耦器一套。

C 级防雷器安装在 B 级防雷器后端，并用不小于 10mm² 的多股铜导线就近接到电源的 PE 点，接地线采用线耳连接工艺。

（3）台站山洞观测室的地震仪器、网络设备服务器等全部安装 10kA（8/20μs）D 级防雷插座，仪器设备插在防雷插座上，共计 5 台。

防雷插座不需要特别固定，可以直接摆放在设备旁或机柜内，并用不小于 6mm² 的多股铜导线就近接到接地排，接地线采用线耳连接工艺。

配电线路防雷设计如图 10-3-6 所示。

10.3.3.2　通信和信号线路防护

台站通信采用光缆，光缆本身不引雷，但光纤加强芯是金属的，容易引入雷电，在入户处做接地处理。

台站仪器设备信号线路防雷：

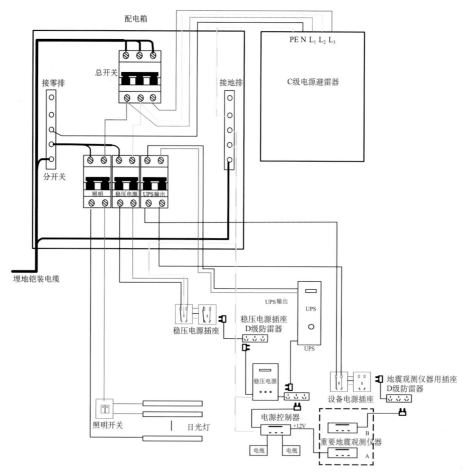

图 10 - 3 - 6　辽阳地震台（石洞沟）配电线路防雷设计示意图

（1）山洞内仪器室的 EDAS - 24IP 测震仪与 GSMA - 2400IP 强震仪的信号线分别安装采集线防雷器 EDAS - 19HK 与 EDAS - 26HK 防雷器各 1 台。

两个采集线信号防雷器可通过 AZ - 19 固定在机柜上，并用不小于 6mm² 的多股铜导线就近接到接地排，接地线采用线耳连接工艺。

（2）山洞内仪器室的测震仪与强震仪的 GPS 馈线安装 GPS 专用防雷器 GPS - B5，共 2 台。

GPS - B5 直接安装在仪器上，并用不小于 6mm² 的多股铜导线就近接到接地排，接地线采用线耳连接工艺。

（3）山洞内仪器室的 DSQ 水管仪的采集线安装 DSQ - DB15 信号防雷器，共计 3 台。

防雷器可通过 AZ - 19 固定在机柜上，并用不小于 6mm² 的多股铜导线就近接到接地排，接地线采用线耳连接工艺。

（4）山洞内 DSQ 水管仪 3 个分向 6 个端点的前置放大器安装 DSQ - 7HK/H 信号防雷器，共计 6 台。

6 个防雷器分别直接摆放在放大器旁，不需要接地，只做横向保护。

（5）山洞内仪器室的 SSY 伸缩仪主机 3 个分向的信号线安装 SSY－5HK 信号防雷器，共计 3 台。

防雷器可通过 AZ－19 固定在机柜上，并用不小于 $6mm^2$ 的多股铜导线就近接到接地排，接地线采用线耳连接工艺。

（6）山洞内 SSY 伸缩仪 3 个分向的前置放大器安装 SSY－5HK/H 信号防雷器，共计 3 台。

3 个防雷器分别直接摆放在放大器旁，不需要接地，只做横向保护。

10.3.3.3 电磁屏蔽与接地

山洞内仪器新增一台机柜，并安装接地母排，所有需要接地的仪器设备、机柜、防雷器等就近接到该母排，接地线用不小于 $6mm^2$ 的多股铜导线，接地母排用不小于 $10mm^2$ 的多股铜导线连接到主地线，接地线采用线耳连接工艺。

10.3.3.4 线路整理

对各观测室的线路进行认真梳理，机柜内部线路也再次整理，强电线路与网络、弱电线路分开梳理，电源线、数据线分开整理，用扎带分开扎紧固定好。仪器设备机柜等接地有良好屏蔽作用，满足机房线路布设技术要求。

室内线路要分类整理，要求及具体措施如下：

（1）强弱电线分开，交流电源电线在机柜的一侧进行走线；仪器信号线、直流电源线、网线等在机柜的另一侧走线。

（2）线路整理为平直有序，多余并且不可去除的较长的线分别盘整，各线分别用线扎扎好，各类线分别用标签打印机打印不干胶标签进行标识。

（3）拆除多余无用的线路，对机柜内多余的电源线和网线等线路进行拆除。多余可去除的较长线路做去除处理，观测室内的水管仪和伸缩仪信号线和标定线预留了 50m 的线路，观测室已确定安排在山洞的中部而不是山洞入口处，多余的线路进行去除，并重新焊接相关航空插头。

（4）室内没有屏蔽的强电线和弱电线距离主地线平行距离应不小于 0.5m。

10.3.3.5 地网改造

台站原来布设接地网未按照相关要求设计，并且阻值严重超标。拟新增避雷地网，地网采用垂直接地、水平接地及接地模块相结合的混合接地体。台站采用共用接地方式，即：仪器设备地、电源地共用一个地网。地网设计如下：

（1）在山洞口上方的山坡上的树林中布设接地网，间隔 5m 打入用 50mm×50mm×5mm 角钢或直径 40mm、壁厚不低于 3.5mm 的镀锌钢管制成的长度为 2.5m 的垂直接地体，接地体上端距地面不宜小于 0.6m。

（2）采用 40mm×4mm 的镀锌扁钢将垂直接地体和接地模块连接成网。

（3）所有焊接处均采用搭接焊牢，焊接长度为扁钢 2 倍，焊接面不少于 3 个棱边。

（4）添加长效降阻剂，可以有效降低接地电阻并具有较好的防腐作用。降阻剂用量：垂直接地体按直径 100mm 长度 2m，用量约 10kg/m；水平接地体按地沟宽度 300mm，用量约 10kg/m。

（5）在室内设接地排，接地排通过引出线与避雷地网连接。

（6）台站附近土壤电阻率约 500Ω·m，经过计算，需要垂直接地体 24 根、接地模块 16 块、水平接地体 210m、降阻剂 2t。参见图 10-3-7。

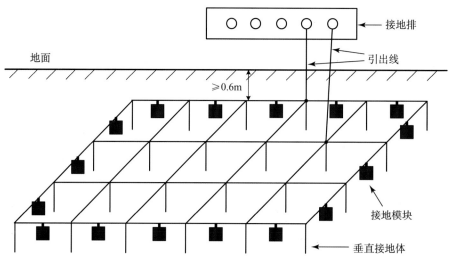

图 10-3-7　辽阳地震台（石洞沟）接地网施工示意图

10.3.4　改造实施

10.3.4.1　配电线路防护

辽阳地震台（石洞沟）配电线路进行三级防雷保护，按照 140kA，80kA，10kA 配置。安装具体情况见安装记录表 10-3-1。

表 10-3-1　辽阳地震台（石洞沟）电源防雷设备安装记录表

仪器名称	仪器型号	防雷器配置	数量	是否正常
单相电源 B 级防雷器	140kA	LT-MB25/4	1	正常
单相电源 C 级防雷器	80kA	LT-PB6-80-1S	1	正常
单相电源 D 级防雷器	10kA	PS6	5	正常
安装时间	2015 年 5 月 21~22 日			
安装人员	石岩　刘宁　高业欣　刘继庆　王辉			

关于电源防雷器安装有关说明：

（1）台站总配电安装 B 级电源防雷器。

（2）台站总配电安装单相 C 级电源防雷器，C 级电源防雷器与 B 级电源防雷器间加装退耦器 2 只。

（3）台站山洞观测室的地震仪器、网络设备服务器、视频监控设备等全部安装 D 级防雷插座，仪器设备插在防雷插座上。参见图 10-3-8。

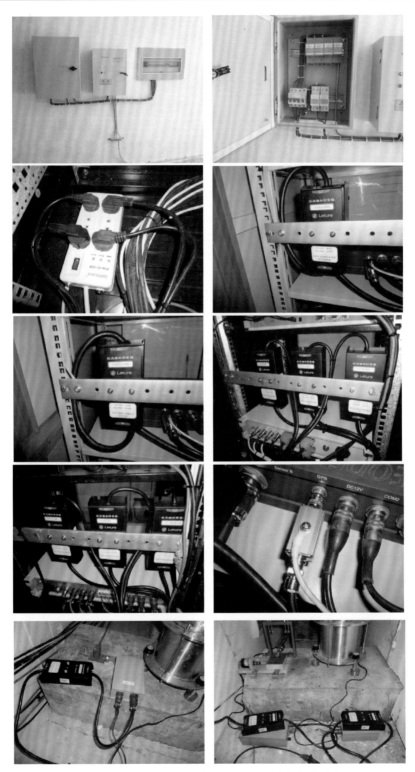

图 10 - 3 - 8 辽阳地震台（石洞沟）设备安装照片

10.3.4.2 信号线路防护

该台安装观测仪器信号线防雷器共计 19 台。安装具体情况见安装记录表 10-3-2。

表 10-3-2 辽阳地震台（石洞沟）仪器信号防雷设备安装记录表

仪器名称	仪器型号	防雷器配置	数量	是否正常
测震仪	EDAS-24IP BBVS-60	LT-EDAS-19HK	1	正常
		LT-GPS-B5	1	正常
强震仪	GSMA-2400IP BBAS	LT-EDAS-26HK	1	正常
		LT-GPS-B5	1	正常
水管仪	DSQ	LT-DSQ-DB15	3	正常
		LT-DSQ-7HK/H	6	正常
伸缩仪	SSY	LT-SSY-5HK	3	正常
		LT-SSY-5HK/H	3	正常
安装时间	2015 年 5 月 21~22 日			
安装人员	石岩　刘宁　高业欣　刘继庆　王辉			

10.3.4.3 地网布设

（1）在辽阳地震台（石洞沟）山洞口上方北侧空地挖沟做地网，沟深 0.8m、宽 0.5m，总长 180m。

（2）在地沟中夯入垂直地极，DN40 镀锌钢管接地极 22 根、石墨接地极 15 块。

（3）将水平地极敷设到地沟中与垂直地极焊接。

（4）向沟内填充降阻剂。

（5）地网制作所有焊接点均采用符合相关规范的焊接工艺，并在焊接处涂抹防锈漆做防腐处理，最后将地沟填平并夯实。

（6）地网用 40mm×4mm 扁钢引入山洞内。

（7）该地网接地阻值为 3.6Ω。参见图 10-3-9。

地网布设材料及相关用量见统计表 10-3-3。

表 10-3-3 辽阳地震台（石洞沟）地网布设材料及用量统计表

台站	垂直地极			水平地极及引出线			降阻剂		地沟尺寸 长×宽×深 (m)			防腐处理	接地电阻阻值 (Ω)
	规格	单位	数量	规格	单位	数量	单位	数量					
辽阳（石洞沟）	DN40 镀锌钢管	根	26	40mm×4mm	根	35	袋	40	180	0.5	0.8	防锈漆	3.6
	石墨接地极	块	15										

图 10 - 3 - 9　接地电阻自测试照片

10.3.4.4　接地与等电位

观测室安装了接地母排，接地母排与避雷地网用 16mm² 多股铜芯导线连接，机柜接地用 6mm² 多股铜芯导线与接地母排连接，机柜内所有仪器设备、防雷器、防雷插座等地线就近接到接地排上，接地线用不小于 6mm² 的铜导线连接。所有接地线采用线耳连接工艺。参见图 10 - 3 - 10。

10.3.4.5　台站线路整理

对辽阳地震台（石洞沟）观测室电源线、仪器信号线分别进行了卷扎、固定，分开了机柜内强、弱电线路并捆扎固定，用标签标示各条信号线路。台站线路整理具体情况见线路整理记录表 10 - 3 - 4 和图 10 - 3 - 11。

表 10 - 3 - 4　辽阳地震台（石洞沟）线路整理记录表

线路分类	布设现状	整理内容	备注
仪器信号导线	测震仪和强震仪信号线各 1 条；GPS 天线 2 条；水管仪信号线 9 条；伸缩仪信号线 7 条。台站信号线多，各个时段安装仪器走线尤其混乱、繁杂	所有仪器信号线重新梳理，多余的、过长的打圈捆扎；尽量将仪器信号线、弱电线、通信线、仪器串口线等线路捆扎在机柜一侧。所有仪器线路（或两端）用标签标识	
供电导线	电源线若干条，布线比较混乱	电源线路单独进行整理、捆扎，与弱电线路分开	
通信线路	SDH 线路与网络机柜布线比较混乱。	将 SDH 光纤室内外走线重新布设，网络机柜内布线不规范的线路重新整理	
接地线	接地母线采用不低于 16mm² 铜芯线	新增接地母排	
整理时间	2015 年 5 月 21~22 日		
整理人员	石岩　刘宁　高业欣　刘继庆　王辉		

图 10 - 3 - 10　接地电网施工照片

整理前（一）　　　　　　整理后（一）　　　　　整理后（二）（新增机柜）

整理前（三）　　　　　　　　整理后（三）

整理前（四）　　　　　　整理后（四）（新增机柜）

图10-3-11　线路整理前后对比照片

10.3.4.6　改造设备清单

表 10 - 3 - 5　辽阳地震台（石洞沟）防雷改造设备清单

序号	设备名称	型号参数	数量
1 - 1	三相电源 B 级防雷器	LT - MB25/4 140kA（8/20μs）	1
1 - 2	单相电源 C 级防雷器	LT - PB6 - 80 - 1S 80kA8/20μs）	1
1 - 3	单相电源 D 级防雷插座	PS6 10kA（8/20μs）	5
1 - 4	EDAS - 24IP 测震仪　信号防雷器	LT - EDAS - 19HK	1
1 - 5	GSMA - 2400IP 强震仪　信号防雷器	LT - EDAS - 26HK	1
1 - 6	GPS 信号防雷器	LT - GPS - B5	2
1 - 7	DSQ 水管倾斜仪　信号防雷器	LT - DSQ - DB15	3
		LT - DSQ - 7HK	6
1 - 8	SSY 铟瓦棒伸缩仪　信号防雷器	LT - SSY - 5HK	3
		LT - SSY - 5HK/H	3

10.3.5　质量对比

　　分别截取了 DSQ 水管倾斜仪和 SSY 铟瓦棒伸缩仪信号防雷器安装前后各 1 个月的观测数据曲线，经过分析，信号防雷器安装后未对观测数据产生明显的影响，符合正常观测的要求。

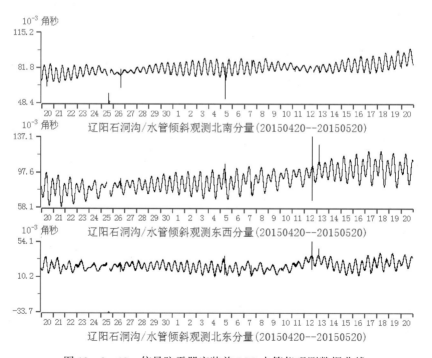

图 10 - 3 - 12　信号防雷器安装前 DSQ 水管仪观测数据曲线

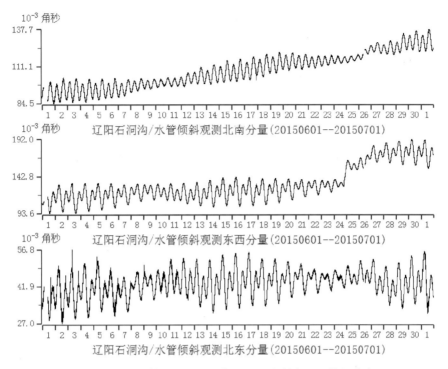

图 10-3-13   信号防雷器安装后 DSQ 水管仪观测数据曲线

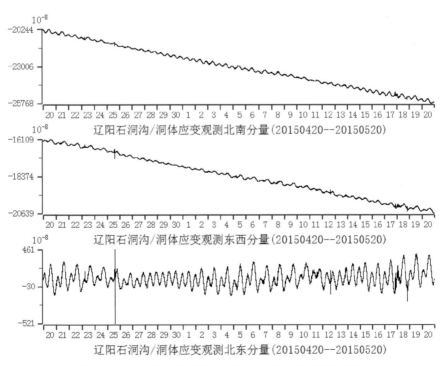

图 10-3-14   信号防雷器安装前 SSY 伸缩仪观测数据曲线

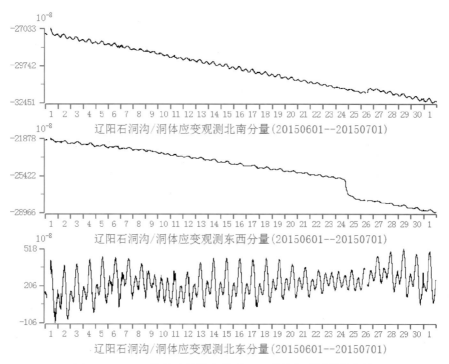

辽阳石洞沟/洞体应变观测北南分量(20150601--20150701)

辽阳石洞沟/洞体应变观测东西分量(20150601--20150701)

辽阳石洞沟/洞体应变观测北东分量(20150601--20150701)

图 10 - 3 - 15　信号防雷器安装后 SSY 伸缩仪观测数据曲线

10.3.6　运行

水管倾斜仪的信号防雷器（LT - DSQ - 7HK/H）发生过两次故障，主要表现为：该端数据曲线形态异常且有突跳（图 10 - 3 - 16），但仪器工作正常，更换信号防雷器后数据曲线正常。是否为雷击造成信号防雷器损坏，目前无法判定。

信号防雷设备安装后，水管倾斜仪的北端和西端观测数据曲线出现了一些不规则突跳（图 10 - 3 - 17），约一周后逐渐消失。伸缩仪的北南分量也出现了一些无规则突跳（图 10 - 3 - 18），约 3 天后消失。以后观测数据正常。分析产生这种现象的原因可能有以下两种：一是进行线路整理时因对仪器的信号线路进行了比较大的改动，个别接头可能出现接触不良的问题；二是信号防雷器使用的部分电子器件进入工作状态后需要一个稳定的过程以及对于环境的适应过程。

防雷设备自安装完成正式运行后，经过几个雷雨季节的考验，台站的主要仪器设备没有发生遭雷击的情况，经受住了考验。

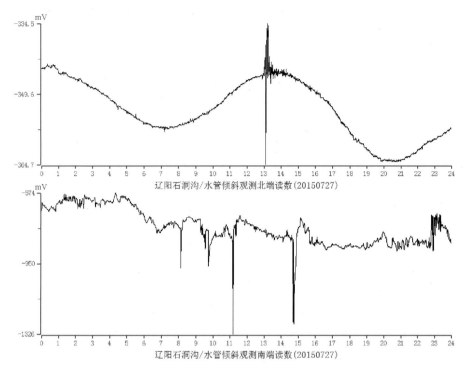

图 10-3-16 辽阳地震台（石洞沟）水管倾斜仪信号防雷器故障数据曲线

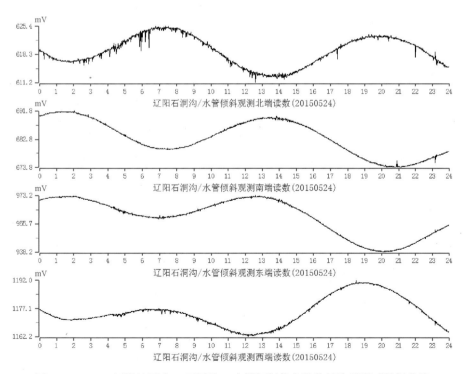

图 10-3-17 辽阳地震台（石洞沟）水管倾斜仪安装信号防雷器后数据曲线

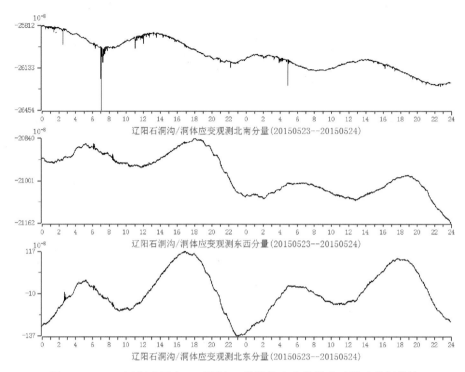

图 10-3-18　辽阳地震台（石洞沟）伸缩仪安装信号防雷器后数据曲线

10.4　南昌地震台

10.4.1　概述

南昌地震台处于南昌市北郊，位于南昌市湾里区梅岭风景区内，距市区约 25km。湾里区的大地构造位置处在扬子准地台（一级构造单元）的江南台隆（二级构造单元），位于九岭—高台山台拱与萍乡—乐平台陷（三级构造单元）的交界地带。台站所在的梅岭山脉，最高峰为 842m，山脉走向大致呈北东向展布。东侧相距约 10km 为鄱阳湖沉降盆地，平均高程约 15m，两者高差显著。区内地貌多受地质构造和岩性控制，梅岭山体以四堡晚期部分混合岩化变质岩、均渗透混合岩，蓟县系双桥山群计林组凝灰质板岩、板岩为主形成。北东向断裂构造了本区的地貌形态，有区域性断裂如宜丰—景德镇断裂、九江—靖安断裂。两者与台站相距分别为 5km、30km。本地区周边曾发生 1361 年秋奉新 5½级地震、1918 年 1 月 8 日南昌 4.7 级地震。

南昌地处亚热带湿润季风气候区，雨量充沛，雷暴活动频繁，属于多雷区，年平均雷暴日为 56.4 天。

南昌地震台占地 154665m²，是综合性地震台，有测震、形变、流体、地电、地磁等观测手段，有变压器房、办公楼、水化应力楼、新流体楼、窿道及磁房，台站有 CTS-1+

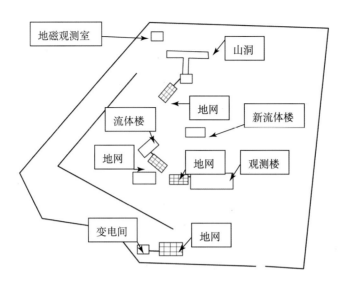

图 10 - 4 - 1　南昌地震台平面分布示意图

EDAS - 24IP 宽频带数字地震仪，SS - Y 伸缩仪，DSQ 水管倾斜仪，VS 垂直摆倾斜仪，RPT 气象三要素，ZD9 地电仪，TJ - 2 体应变仪，LN - 3A 水位仪，SWZ - 1A 温度计，GM4 磁通门观测设备。

在配电室有 5kW 发电机 1 台，办公楼机房有 APC 5kW UPS 电源 1 台，联想电脑 4 台，XR10 路由器 1 台，H3C 交换机 1 台，光纤收发器 3 对。

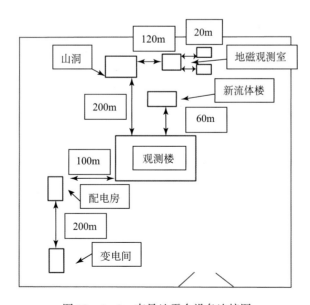

图 10 - 4 - 2　南昌地震台设备连接图

台站采用市电+UPS+发电机方式供电，市电在总配电房经台站专用变压器后，埋地送至水化应力楼配电室，仪器供电则由办公楼机房的 UPS 电源经铠装电缆埋地后送至各观测设备。

为综合性中心台，观测仪器及观测室较多，布线方面存在明显问题。①台站布线缺乏明确的规划设计和安装标准，造成仪器安装和仪器维修时布线不规范、不合理；②观测仪器在不同时期安装，安装人员在布线及安装位置选择方面随意性较大，布线凌乱；③部分前兆设备直接放置在台子上，仪器摆设凌乱，电源线、数据线乱放；④台站综合布线存在一些较明显的不足，出现强弱电线路间交叉、缠绕等现象，容易引起电磁互感，形成雷害隐患；多余的、冗长的线路散布在机柜内外，线路未进行标签标识和捆扎，容易造成数据干扰。

10.4.2　隐患分析

江西省地震局于 2009 年对南昌地震台的地网进行了全面的改造，在变压配电房、水化应力楼、办公楼、窿道口及磁房新建及改造了 5 个地网，地网阻值均<4Ω，并在变压配电房、水化应力楼、办公楼、窿道口做了等电位连接。

台站雷击事故多发，造成多台套仪器损坏。2007 年 6 月，雷击造成台站九五前兆通信控制单元、USB 转换卡、伸缩仪 NS 端探头、电脑主板和网卡损坏；2008 年 5 月，雷击造成台站垂直摆、伸缩仪、洞温仪、磁力仪损坏；2008 年 9 月，雷击造成台站九五前兆仪电脑主板损坏；2009 年 8 月，雷击造成台站磁通门主机和探头、垂直摆、流体数采、水位仪、水温仪、九五前兆通信控制单元、USB 转换卡、九五测震数采、多用户卡、路由器、电话损坏。

南昌地震台未做过综合防雷改造，防雷措施存在的问题较多：

（1）台站配电未按照多级避雷的要求配备专业的配电，容易遭受雷击。

（2）台站所有仪器均未安装专业的信号避雷器，存在雷击隐患。

（3）台站仪器室综合布线混乱，强、弱电未分开架设，遭受雷击时容易造成电磁信号感应，造成设备损坏。

上述几方面防雷措施存在的问题造成台站雷害严重，因为雷害事故频发，严重影响到台站观测数据的质量及运行率。

10.4.3　方案设计

本次防雷改造采取综合防雷，将整个台站的防雷措施做统一规划，重点规划地网布局、接地点汇入和各种线路的架设及其工艺，以减少雷击对台站设备所造成的损害的思路来开展防雷改造，升级改造内容主要包括交流配电线路防护、通信线路防护、电磁屏蔽、接地与等电位、线路整理等内容。

本次防雷设计的目的是使台站防雷达到规范化，最大限度确保这些设备免受雷击干扰。

1. 配电线路防护

针对配电线路方面存在的问题，按照相关标准，再结合台站供电实际情况，台站配电线路设置 B、C、D 级 3 级防护。

（1）台站总配电安装 B 级电源防护，MB25/4，共计 1 台。

（2）办公楼机房的总配电、山洞口总配电分别安装 C 级单相电源防护，PB6‐80‐1S，共计 2 台；窿道观测室前兆与测震 UPS 配电分别安装 C 级单相电源防护，PB6‐80‐1S，共计 2 台；地磁观测室 UPS 配电分别安装 C 级单相电源防护，PB6‐80‐1S，共计 1 台。水化楼的 UPS 配电安装 C 级电源防护，PB6‐80‐1S，共计 1 台。共计 6 台 C 级 PB6 电源防雷器箱。

（3）机房、山洞、窿道观测室、地磁观测室、水化楼内的仪器设备全部采用 D 级防雷插座，PS6。共计 30 台。D 级防护设备 2 个，串联为 1 组，仪器设备插在第二级防雷插座上。

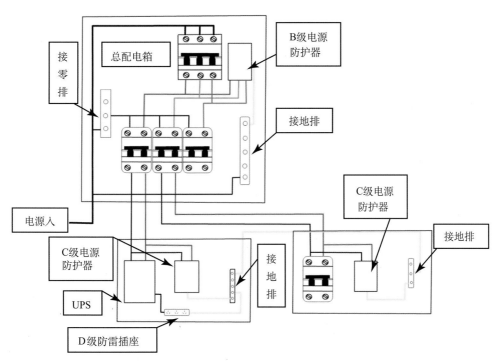

图 10‐4‐3　南昌地震台配电线路防雷设计示意图

2. 通信线路防护

通信线路防雷改造是本次防雷改造的重点。主要为两方面：一是部分雷击严重的标准协议通信线路改为光缆；二是仪器采集线路安装专用信号防雷器。机房外出的采集线在仪器侧安装信号防雷器，窿道观测室到山洞的采集线两侧都安装信号防雷器，水化楼的采集线在仪器侧安装信号防雷器，地磁观测室到探头室的采集线两侧安装信号防雷器；水化楼与窿道观测室到机房的两条 RS232 现场总线改为光缆。具体措施如下：

（1）在机房内的 ZD9A 电场仪的传感器进线端串联安装两级信号防雷器 LT‐DDD‐6TP，共计 2 台。

（2）在机房内的 TJ‐2 的四个信号端口分别安装信号防雷器：2 台 LT‐TYB‐7HK，1 台 LT‐TYB‐5HK，1 台 LT‐TYB‐3HK。

（3）水化楼内的 LN - 3 水位仪的采集线安装 LT - SWY - 6HK 信号防雷器，共计 1 台。

（4）水化楼内 SZW - 1A 水温仪安装信号防雷器，LT - DWY - 5HK，共计 1 台。

（5）水化楼内 RTP - 1 三要素仪安装信号防雷器，LT - RTP - 5HK，LT - RTP - 4HK，各 1 台。

（6）窿道观测室内的 SSY 伸缩仪信号与标定分别安装防雷器，LT - SSY - 5HK，共计 3 台，LT - SSY - 4HK，共计 2 台。

（7）山洞内 SSY 仪安装信号放大器防雷器，LT - SSY - 5HK，共计 2 台。2 个防雷器分别直接摆放在放大器旁。不需要接地，只做横向保护。

（8）窿道观测室内的 DSQ 水管仪的采集线安装 LT - DSQ - DB15 信号防雷器，共计 2 台。步进电机控制线安装信号防雷器 LT - DSQ - 4HK，共计 1 台。

（9）山洞内 DSQ 水管仪安装信号放大器防雷器，LT - DSQ - 7HK/H，共计 4 台。4 个防雷器分别直接摆放在放大器旁。不需要接地，只做横向保护。

（10）窿道观测室内的 VS 垂直摆仪的采集线安装 LT - CZB - 3HK、LT - CZB - 5HK 防雷器各 1 台。

（11）山洞内 VS 安装信号放大器防雷器，LT - CBZ - 3HK，LT - CBZ - 4HK 各 1 台。2 个防雷器分别直接摆放在放大器旁。不需要接地，只做横向保护。

（12）窿道观测室内的 EDAS - 24IP 测震仪的摆线端安装 LT - EDAS - 19HK　1 台，GPS 安装 LT - GPS - B5　1 台。

（13）地磁观测室内的两台 GM4 的采集线都安装信号防雷器 LT - GM4 - 8HK，共计 2 台，GPS 馈线安装 LT - GPS - B5 共计 2 台。

（14）探头室内的两台 GM4 的放大器都安装信号防雷器 LT - GM4 - 8HK/H，共计 2 台，LT - GM4 - 8HK/H 直接摆放在放大器旁，防雷器不接地。

（15）水化楼与窿道观测室到机房的两条 RS232 现场总线改为光缆，采用加强型尾纤，套 PVC 管埋地铺设。两端配工业级的光 M，并备件两台。

3. 电磁屏蔽

将仪器外壳接地点用不小于 6mm² 的多股铜导线连接到防雷器安装固件 LT - AZ - 19 接地排，汇聚后与机柜接地点就近连接，接地线连接均采用线耳工艺。

4. 接地与等电位

用 10mm² 多股铜芯线从接地母排引入到仪器机柜接地柱及 LT - AZ - 19 接地母排上，配电间及仪器室机柜内所有仪器设备、防雷器采用 6mm² 多股铜芯线就近接地。所有接地线采用线耳连接工艺。

5. 线路整理

观测室设备在安装调试过程中线路布设比较凌乱；网络环境线路也尚未规范化梳理。在本次台站防雷系统改造过程中，对观测室及机柜内部的线路进行认真梳理并再次整理，强电线路与网络、弱电线路分开梳理，机柜内的电源线、数据线分开整理，分别用扎带捆扎固定，使之满足机房线路布设技术要求。

室内线路要分类整理，要求：

（1）强弱电线分开。

（2）线路整理应平直有序，多出较长的线要分别盘整，用扎带扎好，用软质 PVC 不干胶对各类线分别做出标记。

（3）清理拆除多余无用的线。

（4）观测室内没有屏蔽的强电线和弱电线分开架设，距离主地线的平行距离不应小于 0.5m。

10.4.4 改造实施

南昌地震台综合防雷改造按照交流配电线路防护、通信线路防护、电磁屏蔽、接地与等电位、线路整理等 5 个方面实施。

1. 配电线路防护

表 10 - 4 - 1 电源防雷器安装

仪器名称	防雷器配置	安装位置	数量	工作状态
3 相电源 B 级防雷器	MB25/4	总配电	1	正常
单相电源 C 级防雷器	LT－PB6－80－1S	办公楼机房总配电，隧道总配电、前兆观测室与测震 UPS，地磁观测室、水化楼	6	正常
单相电源 D 级防雷器	PS6	仪器设备前端	30	正常

2. 通信线路防护

在仪器的 I/O 端安装了 36 套信号防雷器，并改原长线传输为光纤传输，安装光纤收发器 6 台。

表 10 - 4 - 2 信号防雷器安装

仪器名称	仪器型号	防雷器配置	数量	是否正常
测震仪	EDAS—24IP	LT－EDAS－19HK	1	正常
		LT－GPS－B5	1	正常
伸缩仪	SSY	LT－SSY－4HK	2	正常
		LT－SSY－5HK	3	正常
		LT－SSY－5HK/H	4	正常
水管仪	DSQ	LT－DSQ－DB15	2	正常
		LT－DSQ－4HK	1	正常
		LT－DSQ－7HK/H	4	正常

续表

仪器名称	仪器型号	防雷器配置	数量	是否正常
垂直摆	VS	LT‑CZB‑3HK	1	正常
		LT‑CZB‑4HK	2	正常
		LT‑CZB‑5HK	1	正常
气象三要素	PTH	LT‑PTH‑5HK	1	正常
		LT‑PTH‑4HK	1	正常
电场仪	ZD9A	LT‑DDD‑6TP	2	正常
磁力仪	GM4	LT‑GM4‑8HK	2	正常
		LT‑GM4‑8HK/H	2	正常
体应变	TJ‑2	LT‑TYB‑7HK	2	
		LT‑TYB‑5HK	1	*
		LT‑TYB‑3HK	1	
水位仪	LN‑3	LT‑SWY‑6HK	1	正常
数字温度计仪	SZW‑1A	LT‑DWY‑5HK	1	正常
光纤收发器			6	正常

*：22 日 10 时安装，23 日 11 时数据出现异常，拆除防雷器后恢复正常，更换后安装正常。

3. 电磁屏蔽

将仪器外壳接地点用不小于 6mm² 的多股铜导线连接到防雷器安装固件 LT‑AZ‑19 上接地，汇聚后与机柜接地点就近连接，接地线连接均采用线耳工艺。

4. 接地与等电位

用 10mm² 多股铜芯线从接地母排引入到仪器机柜接地柱及防雷器安装固件 LT‑AZ‑19 上接地，配电间及仪器室机柜内所有仪器设备、防雷器采用 6mm² 多股铜芯线就近接入到仪器机柜接地柱或防雷器安装固件 LT‑AZ‑19 上接地。所有接地线采用线耳连接工艺。

5. 线路整理

本次台站防雷改造共对办公楼观测室、水化应力楼观测室、窿道口观测室机柜及磁房进行了线路整理，强电线路与网络、弱电线路分开梳理，电源线、数据线分开整理，用扎带分开扎紧固定好。对已经废弃不用的线路进行了清理，冗余的线路进行了捆扎整理。

10.4.5　观测数据对比

（1）以测震仪安装信号防雷器前后的背景噪声、记录地震波形记录对比及标定结果来分析观测质量是否发生改变。

①背景噪声。

背景噪声：观测场地的噪声水平主要影响监测台站的监测能力。南昌地震台在测震信号防雷器安装前后，该台站背景噪声均为 II 类（$3.16\mathrm{e}-008\mathrm{m/s} \leqslant RMS < 1.0\mathrm{e}-008\mathrm{m/s}$），其噪声水平变化率<5%，不影响该台站的地震监测能力。

表 10 − 4 − 3　1~20Hz 速度 *RMS* 值测试结果

时间	1~20Hz 噪声平均 *RMS* 值/（m/s）			备注
	UD	EW	NS	
2010.07.10.03	5.37e − 008	2.53e − 008	3.24e − 008	信号防雷器安装前
2010.07.28.03	5.36e − 008	2.56e − 008	3.26e − 008	信号防雷器安装后
误差/%	0.19	1.18	0.62	变化率<5%

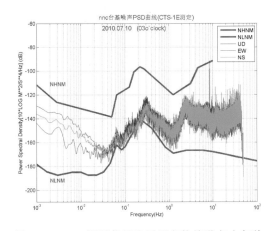

图 10 − 4 − 4　测震信号防雷器安装前噪声功率谱

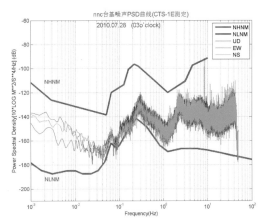

图 10 − 4 − 5　测震信号防雷器安装后噪声功率谱

②波形对比。

台站的波形记录质量包括震前地脉动，信噪比，初动方向，波形记录完整性等情况。通过分析南昌地震台在测震信号防雷器安装前后记录到的江西新余 $M_\mathrm{L}3.1$ 地震和江西奉新 $M_\mathrm{L}3.4$ 地震，初动清晰，波形完整，震级分析在允许范围内。

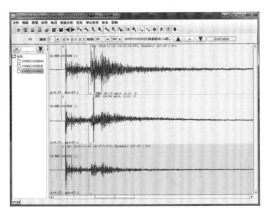

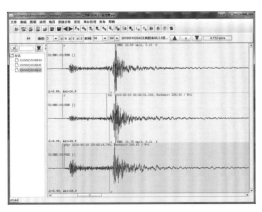

图 10 − 4 − 6　201006102042 江西新余 $M_\mathrm{L}3.1$ 级地震　　　图 10 − 4 − 7　201011161416 江西奉新 $M_\mathrm{L}3.4$ 地震

③脉冲标定。

表 10 - 4 - 4　南昌地震台脉冲标定

台站名称	标定时间	通道	自振周期（s）	自振周期变化率（%）	阻尼	阻尼变化率（%）	灵敏度（V·s/m）	灵敏度变化率（%）
NNC	2010.09.27	BHE	121.951	8.1	0.7174	1.46	1967.5	1.63
		BHN	121.951	8.1	0.723	2.25	1999.2	0.04
		BHZ	121.951	8.1	0.7095	0.34	2050	2.5

（2）前兆各手段信号防雷器安装前后数据对比。

①垂直摆安装信号防雷器后数据恢复正常。

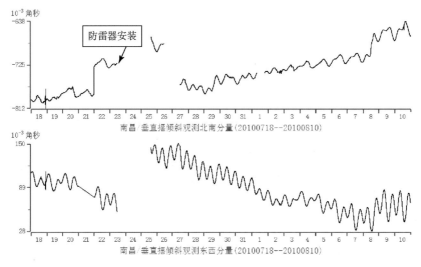

图 10 - 4 - 8　垂直摆安装信号防雷器前后观测曲线图

②体应变仪在 22 日 10 时安装防雷器，23 日 11 时数据出现异常，拆除防雷器后数据恢复正常，经与厂家沟通后更换防雷器，安装后数据正常。

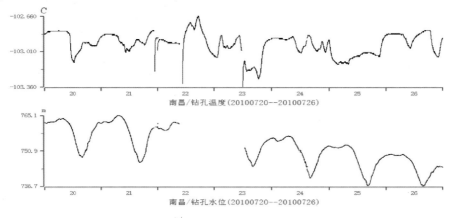

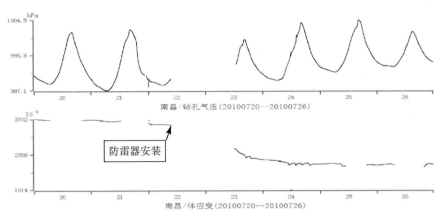

图 10-4-9　体应变安装信号防雷器前后观测曲线图

③磁通门仪安装信号防雷器后数据恢复正常。

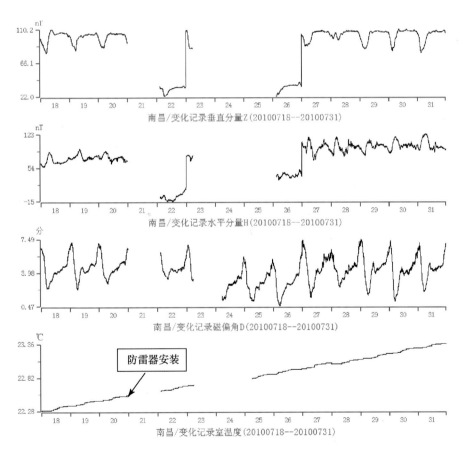

图 10-4-10　磁通门 GM4 [4] 安装信号防雷器前后观测曲线图

④地电场仪安装信号防雷器后数据恢复正常。

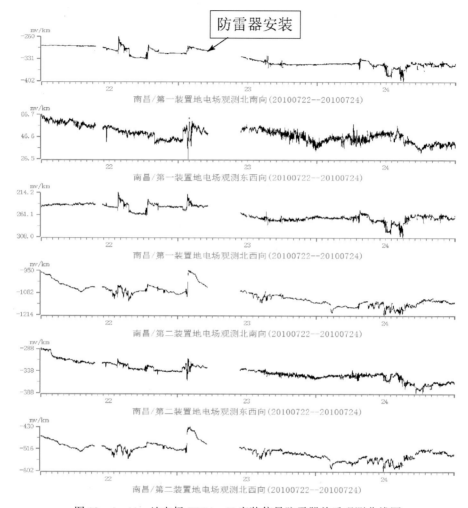

图 10 - 4 - 11　地电场 ZD9A - II 安装信号防雷器前后观测曲线图

⑤气象三要素仪安装信号防雷器后数据恢复正常。

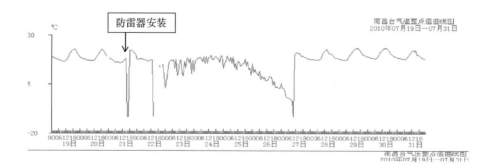

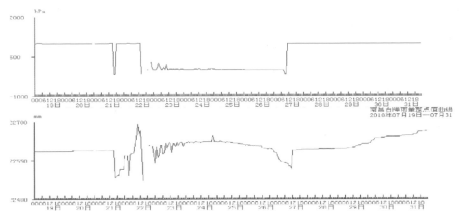

图 10 - 4 - 12　"九五"仪器气象三要素安装信号防雷器前后观测曲线图

⑥水管仪安装信号防雷器后数据恢复正常。

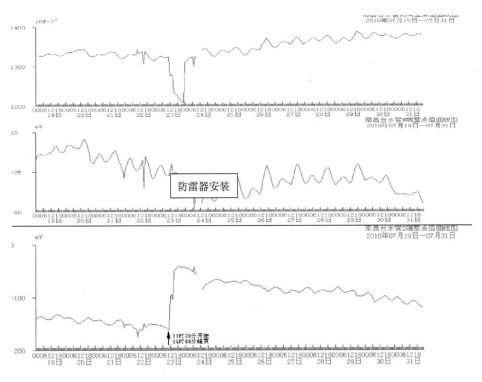

图 10 - 4 - 13　"九五"水管仪安装信号防雷器前后观测曲线图

⑦伸缩仪安装信号防雷器后数据恢复正常。

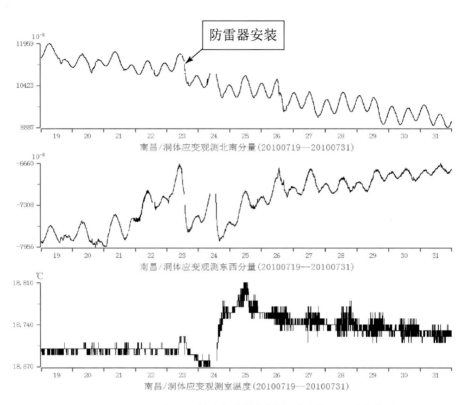

防雷器安装

南昌/洞体应变观测北南分量(20100719--20100731)

南昌/洞体应变观测东西分量(20100719--20100731)

南昌/洞体应变观测室温度(20100719--20100731)

图 10-4-14　　"九五"伸缩仪安装信号防雷器前后观测曲线图

10.5　南城测震台

10.5.1　概述

南城测震台位于抚州市南城县城区西郊的麻姑山风景区内，距离县城区约 10km。南城县地貌呈东、西高，中部形成南北贯通的平川河谷地带，山地分布在南城县的东西两侧，全县可分为山地、丘陵和河谷平原 3 种地貌类型。位于东部的山地大体呈南北走向，海拔高度约 500 ~600m，西部山地同样呈南北走向，海拔高度约 500~1000m。南城在大地构造位置处在华南褶皱系（一级构造单元）的赣中南褶隆（二级构造单元），位于赣州—吉安拗陷与武夷隆起（三级构造单元）的分界线附近。区内地貌多受地质构造和岩性控制，台站所在的麻姑山风景区内以震旦系变质岩为主，此外有部分白垩系浅红色、浅灰色砂岩、含砾砂岩出露。区内断裂构造以北北东向为主，安远—鹰潭断裂属区域性深大断裂构造，位于台站站址以东约 3km 呈北北东向贯穿南城全境。南城县无破坏性地震记载，现今中小地震发生频度也较低。

南城县属亚热带季风性湿润气候，雨量充沛、四季分明、光照充足、无霜期长。冬季常刮北风,气候寒冷干燥,夏季多为南风,春秋季节则为南北气流交替过渡,春夏为梅雨季节,夏季高温炎热,极端最高气温能达到41.5℃,历年平均气温17.9℃,极端最低气温-10.9℃;台站位于南城县麻姑山。台站周围高大树木较多,极易引雷,雷暴活动频繁,年平均雷暴日为71.1天,属于多雷区。

南城测震台为"十五"江西省数字地震观测网络项目中新建无人值守测震台,台站有BBVS60+EDAS-24IP宽频带数字地震仪,配有APC 1kWUPS电源,AR18-12路由器,通过联通公司光纤线路将信号送至江西省地震台网中心。

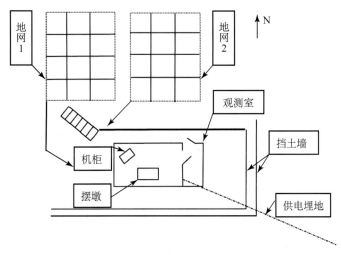

图10-5-1 南城测震台平面图

图10-5-2 南城测震台设备连接图

南城测震台摆墩与数采机柜同在台站观测室内,机柜距摆墩2m左右,光纤直接进机柜。台站采用市电+UPS+发电机方式供电,专用变压器安装在距台站300m处,架空至台站50m时,换成铠装电缆通过套镀锌管理地至台站。

10.5.2 隐患分析

南城测震台为"十五"江西省数字地震观测网络项目中新建无人值守测震台,在台站建设时建有2个独立的地网,后在进台站时连接成1个,地网阻值18.0Ω,观测室安装有彩钢泡沫夹心板做的防潮保温层,同时又起到屏蔽及等电位作用,配电箱内安装了DEHN牌防雷器。

台站雷击事故多发,在进行综合改造前,基本是一有雷响,台站设备必坏。2008年雷击造成台站设备损坏 1 次，2009 年雷击造成台站设备损坏 2 次，2010 年雷击造成台站设备设备损坏 5 次，2011 年雷击造成台站设备损坏 3 次。

南城测震台未做过综合防雷改造，防雷措施存在的问题较多：

（1）台站配电未按照多级避雷的要求配备专业的配电，容易遭受雷击。

（2）台站所有仪器均未安装专业的信号避雷器，存在雷击隐患。

（3）台站观测室安装的彩钢泡沫夹心板防潮保温层未与地网相连，没起到等电位作用。

上述几方面防雷措施存在的问题造成台站雷害严重，因为雷害事故频发，严重影响到台站观测数据的质量及运行率。

10.5.3　方案设计

南城测震台地处南城县麻姑山上，处在山高、陡坡、林密之处，台站周围高大树木较多，极易引雷，年平均雷暴日为 71.1 天，虽然台站也做了地网、电磁屏蔽、电源防雷器等防雷措施，但台站因雷击造成的设备损坏严重。

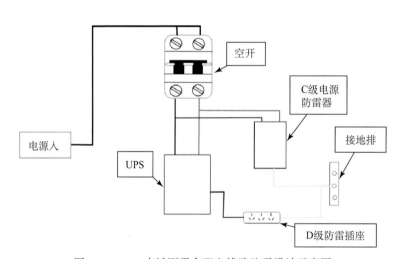

图 10 - 5 - 3　南城测震台配电线路防雷设计示意图

本次防雷改造采取综合防雷，将整个台站的防雷措施做统一规划，重点规划地网布局、接地点汇入和各种线路的布设及其工艺，以减少雷击对台站设备所造成损害的思路来开展防雷改造，升级改造内容包括交流配电线路防护、通信线路防护、电磁屏蔽与等电位接地、线路整理、地网改造等内容。

本次防雷设计的目的是使台站防雷达到规范化，最大限度确保这些设备免受雷击干扰。

1. 配电线路防护

按照相关标准，配电线路设置 C、D+D2 级防护，其中 D 级采用两级防雷插座串联，构成配电线路的防护。

（1）台站配电箱处安装 C 级电源防护设备，配单相 C 级电源防雷器 1 台。

（2）观测室安装 D 级防护设备 2 个，串联为 1 组，仪器设备插在第二级防雷插座上。

2. 通信线路防护

将仪器外壳接地点、防雷器等用不小于 6mm² 的多股铜导线连接到防雷器安装固件 LT－AZ－19 上,汇聚后与机柜接地点就近连接,机柜接地点用不小于 10mm² 的多股铜导线接到地网接地排,接地线连接均采用线耳工艺。

台站通信采用电信 SDH 光缆。因光缆自身具有防雷性能,台站无须再增加通信链路防雷处理。

台站测震仪的数采安装信号防雷器 1 台,GPS 信号线安装信号防雷器 1 台。

3. 电磁屏蔽与等电位接地

台站有用彩钢泡沫夹心板安装的保温屏蔽层,将保温屏蔽层与地网连接,形成除法拉第网外的第二层电磁屏蔽。

彩钢泡沫夹心板在安装过程中均用铆钉铆接,转角处用铝合金圆弧压条,既保证了夹心板之间的良好连接,又使台站观测室美观整洁,仪器、防雷器、机柜、保温屏蔽层等与观测室建筑地及地网相连接,构成观测室良好的电磁屏蔽又达到等电位接地。

4. 线路整理

在本次台站防雷系统改造过程中,对观测室及机柜内部的线路进行认真梳理并再次整理,强电线路与网络、弱电线路分开梳理,机柜内的电源线、数据线分开整理,并用扎带分开捆扎固定,使之满足机房线路布设技术要求。

室内线路要分类整理,要求:

(1) 强弱电线分开。

(2) 线路整理为平直有序,多出较长的线要分别盘整,用扎带扎好,用软质 PVC 不干胶对各类线分别做出标记。

(3) 清理拆除多余无用的线。

(4) 观测室内没有屏蔽的强电线和弱电线分开架设,距离主地线的平行距离不应小于 0.5m。

5. 地网改造

南城台地网建设在台站附近冲积土层上,土壤电阻率为 400Ω·m,有接地电阻 18.0Ω 的原地网,现准备新建 1 个接地网,并与原接地网并接,达到接地电阻 $R \leqslant 4.0\Omega$。

1) 新建地网设计

根据 GB 50057—2010《建筑物防雷设计规范》、《电力工程电气设计手册》、《地震台站观测系统布线及防雷技术要求(试行)》及现场施工条件,本次地网建设选用材料为:①接地环采用 40mm×4mm 热镀锌扁钢;②接地极采用 50mm×50mm×5mm×1200mm 镀锌角钢加 $\Phi 150 * 850$mm 非金属接地模块;③使用降阻剂作为降阻辅助材料。

根据现场场地情况及估算,本次地网建设拟用 $\Phi 150 * 850$mm 非金属接地模块 15 块,50mm×50mm×5mm×1200mm 镀锌角钢 25 根,40mm×4mm 热镀锌扁钢 70m,下面就取上述材料分别对地网的贡献进行验算。

2) 原地网对总地网的贡献

并联电阻公式:

$$1/R = 1/R_1 + 1/R_2 + \cdots + 1/R_n \qquad (10-5-1)$$

已知总地网 $R \leqslant 4.0\Omega$，原地网接地电阻 $R_1 = 18.0\Omega$，根据式（10-5-1），得到新建设的 $R_2 \leqslant 5.1\Omega$，可知原地网接地电阻 18.0Ω 对总地网贡献不大，为保险以计，新建接地网还按 $\leqslant 4.0\Omega$ 设计。

3）非金属接地模块对地网的贡献

根据台站的土壤电阻率，采用下列各式计算降阻模块的用量。

（1）单个垂直埋设的圆柱形模块的接地电阻：

$$R_d = \left[\frac{\rho}{2\pi L} \ln \frac{4L(L+2h)}{d(L+4h)} \right] \cdot M \qquad (10-5-2)$$

（2）多个模块并联后的总接地电阻：

$$R_n = \frac{R_d}{nK} \qquad (10-5-3)$$

式中，ρ 为埋置地层的土壤电阻率（$\Omega \cdot m$）；L 为模块的长度（m）；h 为模块的埋置深度（m）；d 为模块的直径（m）；M 为模块调整系数，取 0.34；n 为模块的数量；K 为模块的利用系数，取 $0.55 \sim 0.85$（模块数量越多，K 取值越小）

4）镀锌角钢对地网的贡献

$$R_v = \frac{p}{2\pi L} \left[\ln \left(\frac{4L}{d} \right) \right] \qquad (10-5-4)$$

式中，R_v 为单根垂直接地体接地电阻（Ω）；L 为垂直接地体接地长度（m）；d 为垂直接地体直径或等效直径（m）；ρ 为埋置地层的土壤电阻率（$\Omega \cdot m$）。

其中，取等边角钢的 0.84 倍角钢边长为等效直径。

5）水平埋设的热镀锌扁钢接地体对地网的贡献

$$R_n = \frac{p}{2\pi L} \times \left[\ln \left(\frac{L^2}{hd} \right) + A \right] \qquad (10-5-5)$$

式中，R_n 为水平埋设的热镀锌扁钢接地体接地电阻（Ω）；L 为水平埋设的热镀锌扁钢接地体的总长度（m）；H 为水平埋设的热镀锌扁钢接地体的埋设深度（m）；d 为水平埋设的热镀锌扁钢接地体直径或等效直径（m），取 $d = b/2$；A 为水平埋设的热镀锌扁钢接地体的形状系数，按表 10-5-1 取值。

表 10 - 5 - 1 水平接地体的形状系数

形状	—	∟	○	人	□	+	✳	✺
A	0	0.378	0.480	0.878	1.690	2.140	5.270	8.810

6）阻值计算

（1）根据式（10 - 5 - 2）得单个模块的接地电阻：$R_d = 67.2\Omega$

根据式（10 - 5 - 3）得 15 块非金属接地模块对地网贡献为 $R_m = 67.2/(15 \times 0.6) = 7.5\Omega$，取 $K = 0.6$

（2）根据式（10 - 5 - 4）得单根镀锌角钢的接地电阻：$R_v = 251.4\Omega$

根据式（10 - 5 - 3）得 25 根镀锌角钢对地网贡献为 $R_v = 251.4/(25 \times 0.6) = 16.76\Omega$，取 $K = 0.6$

（3）根据式（10 - 5 - 5）得 70m 热镀锌扁钢对地网贡献为 $R_n = 11.6\Omega$

（4）根据式（10 - 5 - 3）得新建地网的接地电阻：$R_i = 3.58\Omega$

7）总接地电阻

由新老地网并联后总接地电阻：

$$R = 3.58 \times 18/(3.58 + 18) \approx 3\Omega$$

考虑到实际施工过程中的其他因素，实际完成后地网阻值可能会有所增大。

8）地网施工设计

地网建设要求如下：

（1）离观测室外墙外 1~3m 挖沟，间隔 3m 打入用 50mm×50mm×5mm×1200mm 镀锌角钢 25 根垂直接地体，接地体上端距地面不宜小于 0.7m。

（2）铺设非金属石墨接地模块 15 块，接地体上端距地面不宜小于 0.7m。

（3）用 4mm×40mm 镀锌扁钢将镀锌角钢垂直接地体及非金属石墨接地模块接地体连接，接地体上端距地面不宜小于 0.7m。

（4）所有焊接处均采用搭接焊，焊接长度为扁钢宽度的 2 倍，焊接面不少于 3 个棱边。

（5）在室内设接地排，接地排与避雷地网连接。

（6）地网布设在台站观测室附近，地网面积>40m²。

（7）避雷地网应由具备防雷工程专业设计资质及防雷工程专业施工资质的专业防雷公司进行设计和施工。

（8）避雷地网接地电阻需由现场测试后认定。

10.5.4　改造实施

南城测震台综合防雷改造按照交流配电线路防护、通信线路防护、电磁屏蔽与等电位接地、线路整理、地网改造 5 个方面实施。

（1）配电线路防护。

表 10 - 5 - 2　电源防雷器安装

仪器名称	防雷器配置	安装位置	数量	工作状态
单相电源 C 级防雷器	LT - PB6 - 80 - 1S	台站配电箱并接	1	正常
单相电源 D 级防雷器	PS6	仪器设备前端	2	正常

图 10 - 5 - 4　C 级电源防雷器安装

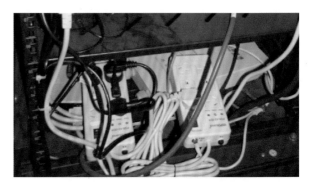

图 10 - 5 - 5　D 级电源防雷器安装

图 10 - 5 - 6　信号防雷器安装

图 10 - 5 - 7　电磁屏蔽与等电位接地

（2）通信线路防护。

表 10-5-3 信号防雷器安装

仪器名称	仪器型号	防雷器配置	数量	是否正常
测震仪	EDAS—24IP	LT-EDAS-19HK	1	正常
		LT-GPS-B5	1	正常

（3）电磁屏蔽与等电位接地。
按设计实施。
（4）线路整理。
按设计实施。
（5）地网改造。

图 10-5-8 与原地网搭接　　　　图 10-5-9接地排

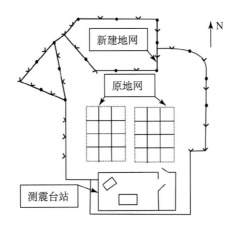

图 10-5-10 南城测震台地网改造竣工图

改造实测南城测震台地网阻值为 3.4Ω。

10.5.5　观测数据对比

以测震仪安装信号防雷器前后的背景噪声、记录地震波形记录对比及标定结果来分析观测质量是否发生改变。

1. 背景噪声

背景噪声：观测场地的噪声水平主要影响监测台站的监测能力。南城测震台在测震信号防雷器安装前后，该台站背景噪声均为 I 类（$RMS<3.16e-008m/s$），其噪声水平变化率 <5%，不影响该台站的地震监测能力。

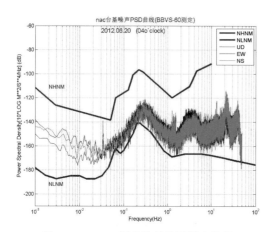

图 10-5-11　测震信号防雷器安装前噪声功率谱

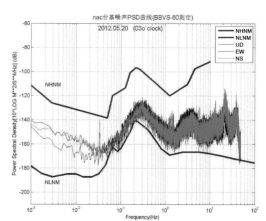

图 10-5-12　测震信号防雷器安装后噪声功率谱

表 10-5-4　1-20Hz 速度 *RMS* 值测试结果

时间	1~20Hz 噪声平均 *RMS* 值/（m/s）			备注
	UD	EW	NS	
2012.05.20.03	$1.07e-008$	$1.07e-008$	$1.12e-008$	信号防雷器安装前
2012.06.20.04	$1.11e-008$	$1.10e-008$	$1.15e-008$	信号防雷器安装后
误差/%	3.7	2.8	2.7	变化率<5%

2. 波形对比

台站的波形记录质量包括震前地脉动，信噪比，初动方向，波形记录完整性等情况。通过分析南城测震台在测震信号防雷器安装前后记录到的台湾花莲县附近海域 4.9 级地震和 4.4 级地震，初动清晰，波形完整，震级分析在允许范围内。

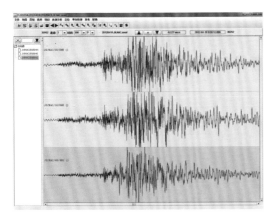

图 10 - 5 - 13 20120419 台湾花莲县附近
海域 4.9 级地震

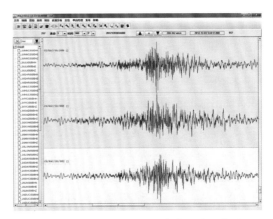

图 10 - 5 - 14 20121203 台湾花莲县附近
海域 4.4 级地震

3. 脉冲标定

表 10 - 5 - 5 南城测震台脉冲标定

台站名称	标定时间	通道	自振周期（s）	自振周期变化率（%）	阻尼	阻尼变化率（%）	灵敏度（V·s/m）	灵敏度变化率（%）
nac	2012 - 6 - 7	BHZ	60.062	0.11	0.6932	1.97	1982.99	0.85
		BHE	60.663	1.1	0.7084	0.19	1986.71	0.66
		BHN	59.971	0.05	0.6982	1.26	1984.25	0.79
	2012 - 5 - 7	BHZ	60.068	0.12	0.6933	1.96	1983.19	0.84
		BHE	60.666	1.1	0.7084	0.18	1987.05	0.65
		BHN	59.973	0.04	0.6983	1.24	1984.78	0.76

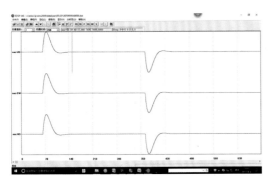

图 10 - 5 - 15 防雷器安装前脉冲标定

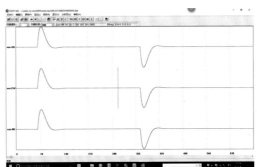

图 10 - 5 - 16 防雷器安装后脉冲标定

10.5.6　运行效能

　　南城测震台防雷改造于 2012 年 6 月完成, 经受了多次的强雷电考验, 取得了良好的效果。但在 2013 年 7 月及 2016 年 6 月, 台站遭受强雷击, 部分防雷器被雷击损坏, 保护了观测设备。

1. 2013 年 7 月台站雷击事件

　　2013 年 7 月, 南城测震台出现强雷击, 台站原防雷器全击穿, 电表至台站供电线路击穿短路, 设备运行未受到影响。

2. 2016 年 6 月台站雷击事件

　　2016 年 6 月, 南城测震台出现强雷击, 台站 C 级防雷器被击穿, 设备运行未受到影响。南城测震台在经过综合防雷改造前, 每年雷击都会造成损坏的设备, 2010 年竟然因雷击造成设备损坏 5 次, 改造后, 也遭受雷击, 部分防雷器被雷击损坏, 但保护了观测设备未因雷击造成损坏, 也使得台站的运行率得以提高, 达到了台站综合防雷改造所取得的预期效果。

10.6　岫岩 1 井观测站

10.6.1　台站概述

　　岫岩地震台 1 号井, 位于岫岩镇西北营子村, 台站位于岫岩县大洋河构造的南侧, 大约 1000m 处。该井井深 250m, 开口孔径 220mm, 中间有二次变径, 第一次变径在 15m 处, 直径为 150mm, 第二次变径在 170m 处, 直径为 110mm。水质为花岗岩裂隙压水。该井的深井动态固体潮记录清晰, 最大潮差可达 20cm。岫岩地震台一井观测环境良好, 但水位受地表水干扰较大, 夏季降雨时节, 水位受降雨瞬时影响明显。

　　岫岩一井观测站位于岫岩满族自治县县城西北部, 年平均雷暴日 26.9 天, 属于中雷区。

　　图 10 - 6 - 1　岫岩 1 井观测站　　　　　图 10 - 6 - 2　岫岩 1 井观测站仪器室

台站有 220V 交流电引入，安装有简易配电箱，没有安装 UPS 电源，前兆仪器利用蓄电池作为后备电源。该台安装了 2 套地震前兆观测仪器，包括：LN－3A 数字水位仪 1 套和 SZW－1A 数字水温仪 1 套。仪器布线未做统筹安排，比较混乱。机柜内仪器叠放，需增加隔板，室内杂物较多，需进行清理。

10.6.2　隐患分析

台站现有的防雷设施是在 2007 年建设的，主要雷击隐患包括以下几个方面：

（1）台站综合防雷意识淡薄，缺乏综合防雷统一设计。

（2）配电箱处已安装标称放电电流为 40kA 的电源防雷箱，但防雷箱的技术指标和安装工艺均不符合要求，并且防雷箱工作超过 8 年，存在老化失效的问题，对于雷电的防护能力有限，不满足台站电源防雷要求。雷击时，雷电流沿配电线路入侵到台内用电设备造成损坏。

（3）台站仪器信号线未安装信号防雷器进行信号防护，容易将雷电引入观测设备。

（4）接地网阻值较大，达到 16.2Ω。接地母线为普通的护套线且线径较细，接地线的连接比较随意，一些需要接地的部分没有接地，不符合台站防雷要求。需要通过改善接地技术减少雷电电磁场干扰和地反击危害仪器设备。

（5）各种线路布设不规范，强弱电没有分开，线路过多，数据电缆预留线路过长；通信线路、信号线路等没有进行有效防雷防护，容易因线长、交叉而感应到雷电等问题。

10.6.3　方案设计

防雷击改造方案是根据台站观测仪器布设情况及运行现状进行相应改造方案设计，主要包括交流配电线路防护、仪器信号线路防护、接地与等电位处理、综合线路整理等内容。

防雷设计的目的是使台站网络布线效果达到一定程度的规范化，最大限度确保这些设备免受雷击干扰，使台站观测设备在信号防雷、设备布线等方面规范化，使这些仪器设备能够长期、稳定的运行。

10.6.3.1　配电线路防护

按照相关标准，配电线路设置 C、D 二级防护，其中 D 级采用两级防雷插座串联，构成 C+D+D 模式的三级防护。

（1）台站配电箱处安装 C 级电源防护设备，安装 80kA（8/20μs）单相 C 级电源防雷器 1 台。

防雷器固定到墙上，接线到仪器配电的开关输出端，并用不小于 10mm² 的多股铜导线就近接到电源的 PE 点，接地线采用线耳连接工艺。

（2）台站的地震前兆仪器、网络设备等全部安装 10kA（8/20μs）D 级防雷插座，仪器设备插在第二级防雷插座上，共计 2 台。

防雷插座不需要特别固定，可以直接摆放在设备旁或机柜内，并用不小于 6mm² 的多股铜导线就近接到接地排，接地线采用线耳连接工艺。

10.6.3.2　通信线路和信号线路防护

台站通信采用光缆，光缆本身不引雷，但光纤加强芯是金属的，容易引入雷电，在入户处做接地处理。

台站仪器设备信号线路防雷：

（1）观测室的 LN - 3A 水位仪的传感器信号线安装 SWY - 5HK 信号防雷器 1 台。

防雷器可通过 AZ - 19 固定在机柜上，也可以直接摆放在仪器旁边，并用不小于 6mm² 的多股铜导线就近接到接地排，接地线采用线耳连接工艺。

（2）观测室的 SZW - 1A 水温仪的传感器信号线安装 DWY - 5HK 信号防雷器 1 台。

防雷器可通过 AZ - 19 固定在机柜上，也可以直接摆放在仪器旁边，并用不小于 6mm² 的多股铜导线就近接到接地排，接地线采用线耳连接工艺。

10.6.3.3　电磁屏蔽与接地

仪器室安装接地母排，所有需要接地的仪器设备、机柜、防雷器等就近接到该母排，接地线用不小于 6mm² 的多股铜导线，接地母排用不小于 10mm² 的多股铜导线连接到主地线，接地线采用线耳连接工艺。

10.6.3.4　线路整理

在本次台站防雷系统改造过程中，对各观测室的线路进行认真梳理，机柜内部线路也再次整理，强电线路与网络、弱电线路分开梳理，电源线、数据线分开整理，用扎带分开扎紧固定好。仪器设备机柜等接地有良好屏蔽作用，满足机房线路布设技术要求。

室内线路要分类整理，要求：

（1）强弱电线分开。

（2）线路整理为平直有序，多余较长的线要分别盘整，各线分别用线扎扎好，各类线分别用软质 PVC 不干胶做出标记（油性笔标记）。

（3）多余无用的线要拆除。

（4）室内没有屏蔽的强电线和弱电线距离主地线平行距离应不小于 0.5m。

10.6.3.5　地网改造

台站原来地网接地电阻偏大，拟重新布设避雷地网，地网采用垂直接地、水平接地、接地模块相结合的混合接地体。台站采用共用接地方式，即：仪器设备地、电源地共用一个地网。地网设计如下：

（1）离观测室前方空地上挖沟，间隔 5m 打入用 50mm×50mm×5mm 角钢或直径 40mm、壁厚不低于 3.5mm 的镀锌钢管制成的长度为 2.5m 的垂直接地体，接地体上端距地面不宜小于 0.6m。

（2）用 40mm×4mm 镀锌扁钢将垂直接地体连接成网。

（3）所有焊接处均采用搭接焊牢，焊接长度为扁钢 2 倍，焊接面不少于 3 个棱边。

（4）添加长效降阻剂，可以有效降低接地电阻并具有较好的防腐作用。降阻剂用量：垂直接地体按直径 100mm 长度 2m，用量约 10kg/m；水平接地体按地沟宽度 300mm，用量约 10kg/m。

（5）在室内设接地排，接地排与避雷地网连接。

（6）台站附近土壤电阻率约 200Ω·m，经过计算，需要垂直接地体 12 根、接地模块 10 块、水平接地体 105m、降阻剂 1t。

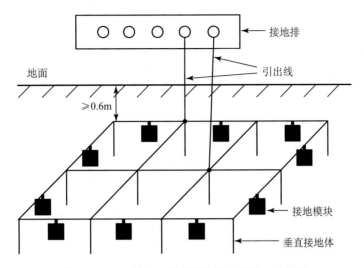

图 10 - 6 - 3　岫岩 1 井观测站接地网施工示意图

10.6.4　改造实施

10.6.4.1 配电线路防护

岫岩一井观测站配电线路进行三级防雷保护，按照 80kA、10kA、10kA 配置。安装具体情况见安装记录表 10 - 6 - 1。

表 10 - 6 - 1　岫岩一井观测站电源防雷设备安装记录表

仪器名称	仪器型号	防雷器配置	数量	是否正常
单相电源 C 级防雷器	80kA	LT - PB6 - 80 - 1S	1	正常
单相电源 D 级防雷器	10kA	PS6	2	正常
安装时间	2015 年 9 月 7 日			
安装人员	石岩　李方龙　刘宁			

关于电源防雷器安装有关说明：

（1）观测室配电箱处安装单相 C 级电源防雷器。

（2）观测室内安装 D 级防雷插座，两个防雷插座采用串联方式，所有仪器设备插在第二级防雷插座上。

10.6.4.2　信号线路防护

该台安装观测仪器信号线防雷器共计 2 台。安装情况见安装记录表 10 - 6 - 2。

表 10 - 6 - 2　岫岩一井观测站仪器信号防雷设备安装记录表

仪器名称	仪器型号	防雷器配置	数量	是否正常
水位仪	LN - 3A	LT - SWY - 5HK	1	正常
水温仪	SZW - 1A	LT - DWY - 5HK	1	正常
安装时间	2015 年 9 月 7 日			
安装人员	石岩　李方龙　刘宁			

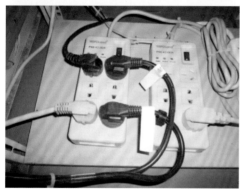

图 10 - 6 - 4　岫岩一井防雷设备安装

10.6.4.3　地网布设

（1）在观测室北侧空地挖沟做地网，沟深 0.8m、宽 0.5m、长 100m。

（2）在地沟中夯入垂直接地极，DN40 镀锌钢管接地极 14 根、接地模块 10 块。

（3）将水平接地极敷设到地沟中与垂直接地极焊接。

（4）向沟内填充降阻剂。

（5）地网制作所有焊接点均采用符合相关规范的焊接工艺，并在焊接处涂抹防锈漆做防腐处理，最后将地沟填平并夯实。

（6）地网用扁钢引入观测室内与原有接地等电位连接。

（7）该地网接地阻值为 3.3Ω。

地网布设材料及相关用量见统计表 10 - 6 - 3。

表 10 - 6 - 3　岫岩一井观测站地网布设材料及用量统计表

| 台站 | 垂直地极 | | | 水平地极及引上线 | | | 降阻剂 | | 地沟尺寸 | | | 防腐处理 | 接地电阻阻值（Ω） |
	规格	单位	数量	规格	单位	数量	单位	数量	长×宽×深（m）				
岫岩一井	DN40 镀锌钢管	根	14	40mm×4mm	根	18	袋	20	100	0.5	0.8	防锈漆	3.3
	接地模块	块	10										

图 10 - 6 - 5　接地网施工

10.6.4.4　接地与等电位

观测室安装了接地母排，接地母排与避雷地网用 35mm² 多股铜芯导线连接，机柜接地用 6mm² 多股铜芯导线与接地母排连接，机柜内所有仪器设备、防雷器、防雷插座等地线就近接到接地排上，接地线用不小于 6mm² 的铜导线连接。所有接地线采用线耳连接工艺。

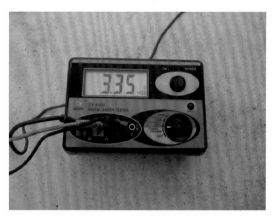

图 10 - 6 - 6 接地电阻自测试

10.6.4.5 台站线路整理

对岫岩一井观测站观测室电源线、仪器信号线分别进行了卷扎、固定，分开了机柜内强、弱电线路并捆扎固定，用标签标示各条信号线路。台站线路整理具体情况见线路整理记录表 10 - 6 - 4。

表 10 - 6 - 4 岫岩一井观测站线路整理记录表

线路分类	布设现状	整理内容	备注
仪器信号导线	水位仪信号线 1 条；水温仪信号线 1 条，各个时段安装仪器走线尤其混乱、繁杂	所有仪器信号线重新梳理，多余的、过长的打圈捆扎；尽量将仪器信号线、弱电线、通信线、仪器串口线等线路捆扎在机柜一侧。所有仪器线路（或两端）用标签标识	
供电导线	电源线若干条，布线比较混乱	电源线路单独进行整理、捆扎，与弱电线路分开	
通信线路	SDH 线路与网络机柜布线比较混乱	将 SDH 光纤室内外走线重新布设，网络机柜内布线不规范的线路重新整理	
接地线	接地母线采用不低于 16mm² 铜芯线	新增接地母排	
整理时间	2015 年 9 月 7 日		
整理人员	石岩 李方龙 刘宁		

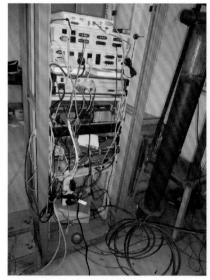

整理前（一）　　　　　　　　整理后（一）

整理前（二）　　　　　　　　整理后（二）

图 10-6-7　线路整理前后对比照片

10.6.4.6　改造设备清单

表 10-6-5　岫岩一井观测站防雷改造设备清单

序号	设备名称	型号参数	数量
1-1	单相电源 C 级防雷器	LT-PB6-80-1S 80kA8/20μs）	1
1-2	单相电源 D 级防雷插座	PS6 10kA（8/20μs）	2
1-3	LN-3A 数字水位仪信号防雷器	LT-SWY-5HK	1
1-4	SZW-1A 数字水温仪信号防雷器	LT-DWY-5HK	1

10.6.5 质量对比

分别截取了 LN－3A 数字水位仪和 SZW－1A 数字水温仪信号防雷器安装前后各 1 个月的观测数据曲线，经过分析，信号防雷器安装后未对观测数据产生明显的影响，符合正常观测的要求。

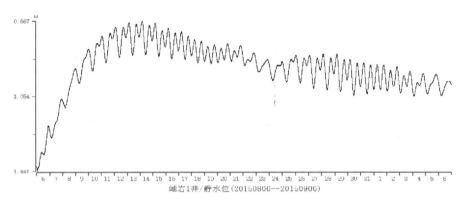

图 10－6－8　LN－3A 水位仪信号防雷器安装前观测数据曲线

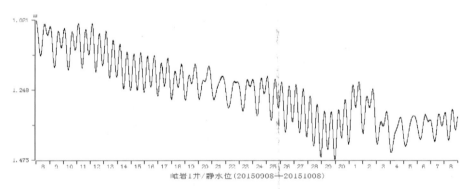

图 10－6－9　LN－3A 水位仪信号防雷器安装后观测数据曲线

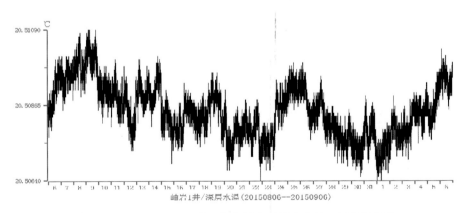

图 10－6－10　SZW－1A 水温仪信号防雷器安装前观测数据曲线

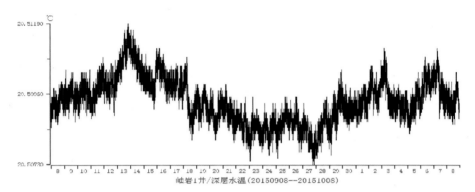

图 10-6-11 SZW-1A 水温仪信号防雷器安装后观测数据曲线

10.6.6 运行

防雷设备自安装完成正式运行后，经过几个雷雨季节的考验，台站的主要仪器设备没有发生遭雷击的情况，经受住了考验。

11 地震台站防雷设施日常检测与维护

防雷装置是指：接闪器、引下线、接地装置、电涌保护器及其他连接导体的总和。接闪器包括：直接接受雷击的防雷针、防雷带（线）、防雷网以及用作接闪的金属屋面和金属构件等。引下线是连接接闪器与接地装置的金属导体。接地装置是接地体和接地线的总和。接地体是埋入土壤中或混凝土基础中作散流用的导体。接地线是从引下线断接处或换线处至接地体的连接导体或从接地端子、等电位连接带至接地装置的连接导体。电涌保护器是限制瞬态过电压和分走电涌电流的器件。

防雷装置检测直接关系到防雷装置保护设备的安全，地震台站防雷设施设备在保障台站安全运行方面发挥了非常大的作用。但在防雷装置检测的实际工作中还存在较突出问题，主要表现在目前还没有制订相关的规章制度，防雷检测的重要性认识不够，实施防雷检测时检测内容不清楚、业务不熟练、检测不规范化等。为此，需制订防雷装置检测制度及标准、确定检测人员职责，发布检测工作中的应知应会等，并举出防雷装置检测存在的一些典型问题作为提示，供检测人员参考与借鉴。

11.1 防雷检测的必要性

（1）鉴于雷灾频繁发生而且对国民经济建设产生严重危害的状况，对各种建筑物防雷装置进行安全检测非常重要。做好这项工作最关键的是：一是要提高防雷检测人员的技术素质；二要普及法制观念，把防雷装置安全检测中心的工作牢固地建立在依据科学制订的法规上，严格依法办事，防雷接地安全检测要按照新制订的《建筑物防雷装置检测技术规范》执行。

（2）建筑物上的防雷装置如果连接得不好，或因接闪器、引下线、接地装置中若有一处损坏及年久失修，就会影响防雷装置的性能。在遇有雷电流时，如果引下线断裂或者接触不良，接地电阻超过要求，大量雷电流就无法从防雷装置泄入大地，从而极可能引起事故。因此，对防雷装置必须检查检测以确保防雷装置性能良好。

11.2 防雷装置检测基础

11.2.1 检测人员职责

地震台站防雷装置检测人员的职责是要负责实施对台站防雷设施设备的全面检测。做好该项工作关键是要熟悉并掌握防雷装置的检测项目与范围，更重要的是对防雷技术标准的理解与应用，熟练掌握防雷检测仪器、设备的使用方法，熟悉防雷检测工作流程、检测程序等制度，最后还要出具防雷装置检测结果，并对防雷装置检测过程中发现的问题提出整改意见。

11.2.2 检测基本要求

防雷装置检测工作通常由检查、测试两部分组成，检查项目是依据防雷相关标准中的条款对防雷类别、防雷装置的安装要求、材料规格、器件参数选定等，视具体情况逐条逐项全面检查，这个工作是非常细致的，而且工作量是很大的。在现阶段的防雷装置检测中大部分是检查项目。

测试项目是按防雷规范要求的参数测试，其中有：接地电阻测量包括大型地网接地特性参数的测量，等电位连接过渡电阻的测量，电源、信号 SPD 测试，对 SPD 的性能参数进行测试，环境的电磁屏蔽，静电等测试，另外，还有防雷装置安装高度、间距的测量以及相关防雷装置所用材料规格、安装工艺要求的测量等。

熟悉并掌握防雷装置检测项目的全部过程与范围，是要对地震台站进行防雷装置检测前的准备工作，这个准备是要建立一个整体的概念。首先，要对台站雷电环境，仪器布设、建筑物的用途、各种设施安装情况及周围环境、地理位置等进行了解。询问是否发生过雷击事故以及损坏情况，了解这些便于下一步有针对性的检查雷击侵入途径与致损原因，这一点很重要。在通过对建筑物的各项了解后要按防雷标准确定该建筑物的防雷类别，只有明确防雷类别才能有针对性地采取防雷标准中相对应的要求进行检测。

检测人员必须理解和掌握相关的防雷标准。标准的优先顺序是强制标准优先于推荐标准。在执行标准中，强制性标准必须执行，强制性条文必须严格遵守。有些情况下需要采用国际标准或企业标准时，应做出备注说明，企业标准应当比国家标准、行业标准、地方标准更加严格，有关规范标准要采用现行的最新版本，还要注意标准中的条文说明，一般不具备与标准正文同等的法律效力。

11.3 防雷装置检测内容

防雷装置检测包括实验室检测和台站实测。

11.3.1　实验室检测

11.3.1.1　电源防雷器检测

表 11 - 3 - 1　地震台站常用电源防雷器技术指标

启动电压	漏电流	保护水平	标称放电电流 （8/20μs）	最大放电电流 （8/20μs）	雷击计数器 功能	最大工作 电压
1120~2240V	无	≤2.5kV	60kA	140kA	无	275V AC
680V±10%	≤20μA	≤3.5kV	40kA	80kA	无	385V AC
430V±10%	≤20μA	≤1.0kV	5kA	10kA	无	250V AC

　　地震台站使用的电源防雷器通常有 B 级、C 级以及 D 级防雷器。不同级别的电源防雷器的启动电压、漏电流、最大工作电压等技术指标不同，如表 11 - 3 - 1 所示，对于电源防雷器检测需要根据其标称主要技术指标进行检测，电源防雷器耐受冲击的电压非常高，一般实验室不具备测试电源防雷器的设备和人员，通常可以委托专业的第三方测试电源防雷器主要技术指标。而且有一些指标的检测，比如冲击试验，是属于破坏性试验，可以采用在使用同生产批次电源防雷器中抽检的方式进行测试。

1. 电源防雷器开关启动电压检测

　　使用防雷器件测试仪（比如 FC - 2G），按照图 11 - 3 - 1 将测试仪与被测电源防雷器连接，根据表 11 - 3 - 1 以及被测器件标称技术指标设置防雷器件测试仪的输出电压，分别测试启动电压和漏电流，其中，启动电压低于 680V 的电源防雷器可以使用压敏检测方法检测启动电压和漏电流，具体检测步骤可以参考防雷器件测试仪的使用说明。

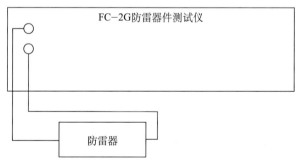

图 11 - 3 - 1　电源防雷器的启动电压、漏电流测试接线图

2. 电源防雷器冲击实验

　　电源防雷器耐受冲击实验属于破坏性实验，可以在使用防雷器相同生产批次中的产品抽样进行实验，试验后样品不能作为产品继续使用，也不能再作为样品做其他性能测试。冲击

试验连接图如图 11 - 3 - 2 所示。冲击试验应在专用、有认证资质的雷击实验室进行。冲击试验可以测试电源防雷器的保护水平、标称放电电流、最大放电电流以及最大工作电压试验。基本测试方法是根据电源防雷器标称指标在电源防雷器输入端施加一个冲击电压，使用示波器测量冲击装置输出冲击电压和电源防雷器端的电压，根据施加冲击电压的不同，分别测试残压、保护水平、标称放电电流、最大放电电流以及最大工作电压。在经过长持续时间电流冲击耐受能力试验后观察被测样品，电阻片应无击穿、闪络、破碎或其他明显损伤的痕迹，而且试验前后残压变化应不大于 5%。

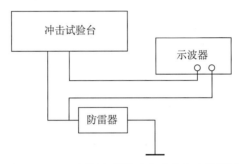

图 11 - 3 - 2　电源防雷器耐受冲击实验接线图

11.3.1.2　信号防雷器检测

地震台站的信号防雷器用于地震仪器的保护，属于专用的、特殊的、定制的防雷器，防雷器标称启动电压大约为 60V。通常包括 3 级放电电路：强放电电路、限压电路、钳位电路。信号防雷器安装在地震观测仪器主机和传感器之间、传感器与传感器放大器之间或者主机与传感器放大器之间，为确保安装信号防雷器后，对仪器观测数据没有影响，信号防雷器除了测试防雷器常规的技术指标之外，还需要专门测试一些特殊的指标；除了单独测试信号防雷器，有的测试需要与安装使用的观测仪器一起进行联机测试，最后在安装完毕后，还应进行数据安装前与安装后的比对工作。

地震台站信号防雷器由于其特殊性、定制的特点，目前还没有专门的机构或者第三方对其进行测试，而且地震信号防雷器有的测试需要结合观测仪器配套测试，这使得测试设备人员不仅需要了解信号防雷器测试方法，也需要熟悉观测仪器的使用。因此，地震信号防雷器的测试主要依靠地震行业内相关的仪器专家、工程师以及台站专业工作人员进行测试。依靠观测仪器使用、维护人员进行日常维护。

1. 串联直流电阻测试

测试方法：采用 4 线测量法，检测信号防雷器直流电阻值，测试连接如图 11 - 3 - 3 所示。

测试设备：直流低电阻测试仪或具有 4 线测量电阻功能的数字万用表。

测试步骤：首先测量连接线本身电阻值，填入测试记录表 11 - 3 - 2 中"连接线电阻值（Ω）"栏内；然后检测每种信号防雷器单一通道串联直流电阻，测量数据填入测试记录表 11 - 3 - 2 中相应栏内；最后将测量值减去连接线电阻值得到该通道实际的电阻值。

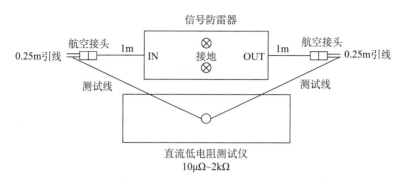

图 11-3-3　串联直流电阻测试连接示意图

表 11-3-2　串联直流电阻测试记录表

连接线电阻(Ω)									
设备型号	地线			信号线 1			信号线 2		
	通道	显示值(Ω)	实际值(Ω)	通道	测试值(Ω)	实际值(Ω)	通道	测试值(Ω)	实际值(Ω)

2. 串联电感测试

测试方法：使用数字电桥测量信号防雷器的每一个通道的电感值，测试频率分别设置为 100Hz、200Hz、500Hz 和 1000Hz，记录对应频率的测试结果，测试连接如图 11-3-4 所示，测试时应把其他未测通道接地。

测试设备：数字电桥（100Hz~100kHz，精度 0.1%）

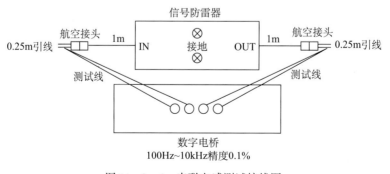

图 11-3-4　串联电感测试接线图

3. 分布电容测试

测试方法：使用数字电桥测量信号防雷器输入每通道间、输入每通道与地之间、输出每通道间和输出每通道与地之间的分布电容，测试频率分别设置 100Hz、200Hz、500Hz 和 1000Hz，记录对应频率的测试结果，为确保测试准确，测试时需注意将未测通道接地，测试连接如图 11-3-5 所示。

测试设备：数字电桥（100Hz~100kHz，精度 0.1%）。

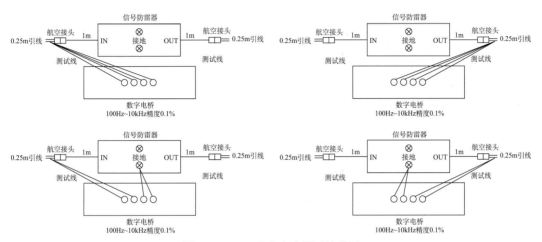

图 11-3-5　分布电容测试接线图

4. 标称启动电压与漏电流测试

测试方法：使用防雷元件测试仪测量信号防雷器输入每通道与地之间启动电压、漏电流，测试频率设置 1kHz，测试连接如图 11-3-6 所示，测量结果应与信号防雷器标称启动电压一致。

测试设备：防雷元件测试仪。

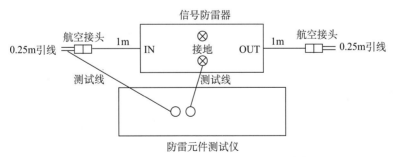

图 11-3-6　标称启动电压与漏电流测试接线图

5. 额定工作电压测试

测试方法：使用 60V、5A 的直流稳压电源在信号防雷器任意输入两通道之间施加 24V 电压，测试信号防雷器漏电流小于 1mA，测试连接如图 11-3-7 所示。

测试设备：60V、5A 的直流稳压电源。

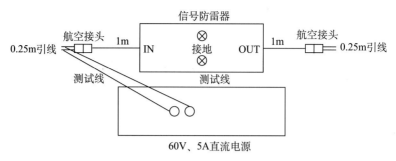

图 11－3－7　额定工作电压测试接线图

6. 额定工作电流测试

测试方法：使用 60V、5A 的直流稳压电源在信号防雷器任意输入两通道之间加 12V 电压，将施加电压的输入端对应输出端之间连接一个 6Ω、20W 的功率电阻，此时所选择的 2 通道上通过的电流为 1A，通电 10 分钟后，无异常，测试连接如图 11－3－8 所示。

测试设备：60V、5A 的直流稳压电源，20W 功率电阻。

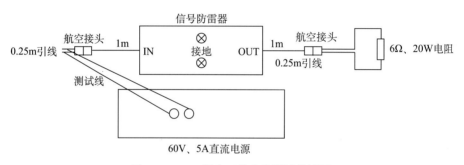

图 11－3－8　额定工作电流测试接线图

7. 最大持续工作电压测试

测试方法：使用 60V、5A 的直流稳压电源在信号防雷器任意输入两通道之间加 36V 电压，通电 10 分钟后，无异常，测试连接如图 11－3－9 所示。

测试设备：60V、5A 的直流稳压电源。

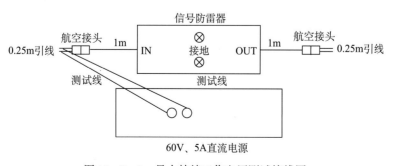

图 11－3－9　最大持续工作电压测试接线图

8. 保护水平测试

测试方法：使用雷电冲击装置在信号防雷器任意输入通道与地之间产生一个 1.2/5μs、500V 的雷电冲击信号，使用示波器测量对应输出端输出的波形，测量记录波形的幅度。测试连接如图 11-3-10 所示。

测试设备：雷电冲击装置和 300M 双通道示波器。

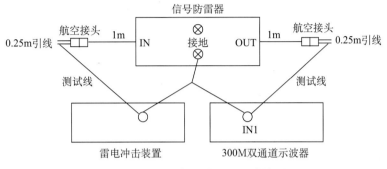

图 11-3-10　保护水平测试接线图

9. 标称放电电流和最大放电电流测试

测试方法：使用雷电冲击装置在信号防雷器任意输入通道与地之间产生 8/20μs、5kA 的雷电冲击信号，使用示波器测量对应输出端输出的波形，测量记录残压的幅度，冲击 5 次，记录每次冲击的残压幅度，如果残压一致并且信号防雷器没有异常，此时冲击电流作为防雷器标称放电电流；再用 8/20μs、10kA 冲击信号冲击 2 次，防雷器无异常，此时冲击电流是防雷器最大放电电流。测试连接如图 11-3-11 所示。

测试设备：雷电冲击装置和 300M 双通道示波器。

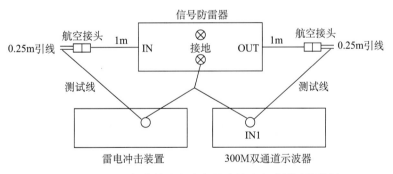

图 11-3-11　标称放电电流与最大放电电流测试接线图

10. 零输入噪声测试

信号防雷器通常连接在观测仪器的主机（数据采集器）输入端或传感器输出端，不管是连接在主机输入端口还是传感器输出端口，信号防雷器都相当于是在原有的信号回路里串联、并联了一组无源器件，连接了信号防雷器后，是否会影响观测仪器噪声，这就需要定量测量。

地震观测仪器工作过程是传感器输出观测信号，由主机来完成数字化功能，因此，信号防雷器不会对传感器引入额外噪声，但对主机就有可能引入额外的噪声。在测试信号防雷器噪声指标时，主要测试接入信号防雷器对主机的噪声有什么影响。测试过程分 2 个方面，一方面测量主机自身短路噪声，即测量不连接信号防雷器时主机的噪声；另一方面测量连接信号防雷器时主机的噪声。将两方面测量的噪声进行对比，确定信号防雷器对主机噪声的影响。不同型号的主机对应不同型号的信号防雷器，测试具体方法应具体针对不同型号的主机，参考主机指标测试的方法来测试。以测震仪器中的地震数据采集器为例，如图 11 - 3 - 12 所示，将连接在地震数据采集器传感器接口上的信号防雷器输入端短接，用记录采集器至少 10 分钟的数据波形，对记录的数据波形计算均方根值和频谱分析；同样不连接信号防雷器时，将观测仪器主机输入端短接，记录至少 10 分钟数据，对记录数据波形计算均方根值和频谱分析。将两次测量结果进行对比，应无明显差异。

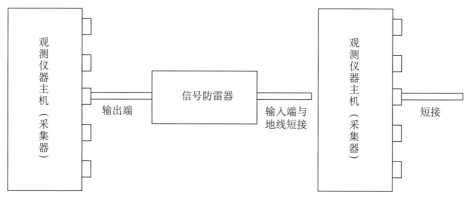

图 11 - 3 - 12　零输入噪声测试示意图

11. 失真度测试

地震观测中使用的地震观测仪器通常对失真度的要求都比较高，特别是测震仪器要求失真度达到 - 90dB 以上，信号防雷器主要由一系列非线性元件构成，性能不好的非线性元件容易给失真度带来影响。在对信号防雷器测试时，需要对失真度指标进行单独测试。由于地震信号防雷器种类众多，连接的观测仪器各不相同，各观测仪器对失真度要求也不一致，因此，测试需要区别对待，最好结合观测仪器自身的技术指标和测试方法进行测试，比较安装信号防雷器和不安装信号防雷器失真度指标的变化情况，最终判断信号防雷器对失真度指标的影响。

对信号防雷器自身失真度指标的测试，也可简单地使用分别测试输入端信号和输出端信号，将两次测量结果相减来考察信号经过信号防雷器后的变化情况。具体测试方法是将信号发生器产生的峰峰值取为信号防雷器配套观测仪器满量程的 95%，频率分别为 1Hz、10Hz、100Hz 以及 1000Hz 的正弦信号接到信号防雷器输入端，通过高性能数字示波器将输入波形和输出波形相减，可以测量信号防雷器输出端的信号失真程度。测试连接如图 11 - 3 - 13 所示。

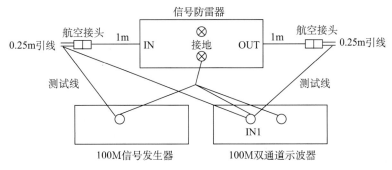

图 11 - 3 - 13　信号防雷器失真度测试框图

对失真度要求比较高（优于 90dB）的观测仪器根据观测仪器本身该指标的测试方法分别测试有信号防雷器和没有信号防雷器时的失真度指标，根据两种测量结果评估信号防雷器失真度指标。比如测震仪器广泛使用的地震数据采集器，对失真度指标要求就比较高，测试方法可以参考以下的方法。

将信号发生器产生的峰峰值取为地震数据采集器满量程的 95%，频率设定为 10Hz，先将产生信号直接接入地震数据采集器，采集器选用 200 采样率，记录 3 分钟，然后将产生的信号通过信号防雷器（测震）接入地震数据采集器，同样选用 200 采样率，记录 3 分钟，最后将前后两次频谱进行对比分析，分别计算两种情况的 THD 指标。需要的测试仪器包括：信号发生器、数字示波器、多功能校准仪等。

12. 线性度测试

表 11 - 3 - 3　线性度测试记录表

标称电压值（V）	实测电压值（V）	标称电压值（V）	实测电压值（V）
-10		1	
-9		2	
-8		3	
-7		4	
-6		5	
-5		6	
-4		7	
-3		8	
-2		9	
-1		10	
0			

测试方法：将 FLUKE5720A 多功能校准仪输出的直流电压信号接入信号防雷器输入端，信号防雷器输出端接 Agilent 3458A 八位半数字万用表，计算信号防雷器线性误差。

测试仪器：FLUKE 5720A 多功能校准仪、AGILENT 3458A 八位半数字万用表。

测试步骤：将 FLUKE5720A 多功能校准仪接入信号防雷器输入端，信号防雷器输出端接 Agilent 3458A 八位半数字万用表。将多功能校准仪输出调至直流−10V，记录输出端八位半数字万用表输出结果，填入测试记录表 11 - 3 - 3 中相应栏内；每次调整多功能校准仪输出增加 1V，直至多功能校准仪输出为 10V 时停止。将信号防雷器输出端测量的电压信号进行线性拟合，根据线性拟合结果得到拟合公式，可以得到拟合后的最大线性误差，用最大线性误差除以输入的最大幅度 10V，可以得到信号防雷器的线性度指标。

11.3.2　台站实测

11.3.2.1　直接雷击防护装置检测

直接雷击防护装置检测主要检查避雷针（接闪器）及引下线和接地装置。检测内容包括避雷针、避雷带、建筑物内的钢筋、独立的引下导体，检查其规格型号，检查从地表高 2.0m 到地下 0.3m 处的引下线有无破损、生锈脱落情况。验收后的引下线地网有没有交叉或平行的电气线路，检查断接卡有无接触不良的情况。要检查检测引下线的接地电阻值，有无因挖土、敷设其他管道等施工挖断，检查接地装置周围的土壤有无沉陷现象。

11.3.2.2　电源避雷器检测

在雷雨季节期间，不管设备是否有异常或损坏现象都应多次检查电源防雷器。对于现在电源线路使用率较高的瓷瓦式电涌保护器，其使用寿命较短，几次动作后就失效了，要注意及时更换。一般氧化锌（压敏电阻）电涌保护器的工作寿命较长，长的可达 30~50 年。安装后每年均应做定期检测（尤其是在安装后的第一个雷暴季节后），当发现漏电流超过 20μA 时建议更换；当漏电流比上一次测试增加两倍以上，绝对值虽然不超过 10μA，也应更换；当连续两次检测（每次间隔一周以上）漏电流均爬升者一般都应更换。此外雷击后，阀片一般都会老化，当阀片的压敏电阻值（用压敏电阻测试仪测试）降低至原来的 90% 以下时应视为损坏，必须更换。更换时应注意连接良好，必须做好接地。

现在许多厂家生产的氧化锌（压敏电阻）电涌保护器有雷击记数功能或老化显示指示。在雷雨季节期间应不定时地查看，特别是查看老化显示指示，当老化显示达到其说明需要更换时应及时更换。

另外，可能时用可携带式测试仪表检测模块式电涌保护器的拐弯电压，通过查看厂家提供的资料中该元器件的拐弯电压范围就可知道该元件是否老化。

对于信号电涌保护器，一般无雷击记数功能和老化显示指示，检查主要是观察其有无破损、线路有无脱掉、接口是否连接良好、设备工作是否异常等，若有这种情况应及时更换。

1. 外观检测

目测产品外观是否有变形，烧焦等异常。

2. 指示灯检测

目测产品的各指示灯是否正常。

3. 配电电压检测

测试 380V 和 220V 工作电压，零地电压（零线与地线之间的电压），总配电检测，各观测室检测。电压误差小于 20%，零地电压小于 3V。

4. 雷击计数器检测

采用雷击计数器专用测试仪测试，能正常计数。测试后清零。

5. 电源避雷器启动电压检测

断开电源线路，采用压敏测试仪检测。检测启动电压和漏电流是否与产品标称值一致。

11.3.2.3 信号避雷器检测

1. 外观检测

目测外观是否变形，外壳是否生锈，是否有烧焦。

2. 接头检测

目测航空接头等是否生锈，氧化等。

3. 导通电阻检测

抽测 3 个脚，导通电阻小于产品标称值。

4. 避雷器启动电压检测

采用压敏测试仪测试。检测启动电压和漏电流是否与产品标称值一致。

5. 信号衰减检测

调出观测仪器的数据，观察是否有明显的异常。

11.3.2.4 接地检测

由于接地装置都是埋在地下，无法检查其锈蚀程度和连接情况，一般要求测量其接地电阻值达到要求即可。若接地电阻值超过要求值，则应对接地装置进行整改，使其接地电阻达到标准要求。检查连接导体，主要观察连接导体的固定情况、接口连接情况以及老化情况。发现有接触不良、接口松动、线路断裂、线路老化等情况，应及时更换，保证可能遭受雷击时雷电流的有效泄放。

1. 接地电阻阻值检测

从接地汇接点，严格按照接地电阻测试仪的操作规范测试，至少测两个方向，取最小值。

2. 接地工艺、接地点检测

主接地线（地网到室内接地排）的数量、规格、材质。
各接地线与接地排之间的连接工艺，接地线与设备之间的接地工艺。
电源、信号、机柜、接地排等各主要接触点接地电阻检测。

11.3.2.5 其他检测

1. 雷电预警检测

各指示灯是否正常，模拟静电检测是否正常报警，开关是否正常动作，并调取雷击数据分析。

2. 布线检测

检查台站仪器设备电磁屏蔽、等电位连接情况是否符合规定要求；检查台站内的布线情况，强弱电线路是否分开，进出是否分开，布线是否整齐规范，标识是否清晰；是否有多余已经废弃的电缆。

11.4　防雷检测设备使用

地震台站电源防雷器、信号防雷器和接地网及接地情况需每年进行检测，检测设备包括：

1. 电源防雷器的检测设备

万用表，雷击计数测试仪，压敏测试仪。

2. 信号防雷器的检测设备

低电阻测试仪，压敏测试仪。

3. 地网、接地的检测设备

接地电阻测试仪。

检查设备的使用简介如下：

11.4.1　FC‐2G 防雷元件测试仪

检查对象：电源防雷器、信号防雷器

检查参数：启动电压、漏电流

检查方法与步骤：

（1）断开防雷器的所有接线，包括地线。

（2）把仪器的测试线（红线）接在需要测试的防雷器的接线端子上，仪器的地线（黑线）连接防雷器的接地端子。

（3）仪器选择为"压敏"测试方式。

（4）仪器选择为自动方式。

（5）按高压区的"启动"按钮，输出高压，注意此时输出超过 1000V 的高压，注意安全，手不能碰到避雷器和仪器的测试线。

（6）读取仪器显示的电压，该电压就是防雷器的这个端子（这个通道）的启动电压。

（7）然后按住"电流"，仪器显示的电流读数就是防雷器这个端子（这个通道）的漏电流。

（8）按高压区的"停止"，确定无电压显示后才取下接线，继续下一次测试。

检查结果与分析：

按照产品自身的技术标准，对照测试结果是否在规定范围内。

11.4.2　LT‐35 雷击计数器测试仪

检查对象：电源防雷器里的雷击计数器

检查参数：雷击计数功能

检查方法与步骤：

（1）关闭防雷器内的开关。

（2）取下防雷器里的雷击计数器的传感器端子，插上 L35 的测试端子。

（3）防雷器内的开关打开，计数器供电。

（4）开启 L35，按"测试"，L35 内模拟雷击放一次电，计数器应该计数一次，连续测试五次都正常计数，则判定计数器正常，如果有漏，则需要再连续测试 2 个 5 次放电都正常，否则判定计数器故障。

（5）测试完毕后，关闭防雷器内的开关，关闭 L35。

检查结果与分析：

5 次测试为一组，测试不通过，连续测试两组，如果两组中有不计数，则判定计数器故障。

11.4.3　JK2511 直流低电阻测试仪

检查对象：信号防雷器

检查参数：信号防雷器的在线直流电阻

检查方法与步骤：

（1）将仪器的测试表笔短接，按"清零"清除测试线的电阻。

（2）仪器的测试表笔分别接到信号防雷器的一个通道的输入和输出端。航空接头防雷器需要保证接触良好，否则接触电阻很大。

（3）仪器显示电阻值稳定后读取数据。

（4）测试后，不需要关闭仪器，直接把测试表笔接到另外一个通道测试。

（5）如果出现测试结果异常，则先考虑接触电阻，采用焊接引线等方式连接。

检查结果与分析：测试结果与防雷器的标称参数对比，小于标称参数即合格。

11.4.4　VC4105A 接地电阻测试仪

检查对象：地网

检查参数：地网的接地电阻

检查方法与步骤：

（1）首先确定地网的结构，平面分布。

（2）确定测试点，辅助测试的电压点和电流点。按照相关标准布设电压点和电流点。

（3）接线，按"测试"按钮读取接地电阻值。

（4）至少测试两个方向的值，然后取最小值。

（5）如果测试结果偏大，则应分析地网结构，选择不同测试方向连续测试多个点，取最小值。

检查结果与分析：接地电阻按照地震台站标准判定。

11.5　检测中常见问题

11.5.1　信号防雷器在线测试问题

地震观测一般要求连续观测，数据的连续性也是考察观测数据质量的一个重要方面，信号防雷器安装完成后，一般情况是不能拆下来进行测试的，也就是说信号防雷器在运行过程中不能单独进行检测，如何发现信号防雷器工作状态是否完好，是否已经出现问题，不能实现其设计功能呢？这就引入一个信号防雷器在线检测的概念。在信号防雷器正常工作状态下，既不能检测其直流电阻是多少，也无法测试电容、电感这些分布参数，更不能测试信号防雷器的启动电压、放电电流等指标，无法检测其工作是否正常，从技术手段上还没有比较好的方法。根据信号防雷器在地震观测实际应用过程中总结的一些经验可作为在线检测的参考。

地震台站观测仪器中有很多是具有标定功能的，标定功能的主要目的是检查仪器工作状态和仪器主要技术指标的变化情况。首先，地震观测人员要详细保留台站观测仪器在没有安装信号防雷器之前的各种数据文件，包括台站背景噪声、事件记录、标定记录、仪器工作参数、工作状态等信息。安装信号防雷器以后，立刻对观测仪器进行标定，对比标定数据与原记录的标定数据，检查差异性；还应该对记录的台站背景噪声数据进行分析，与原记录噪声数据进行对比分析，不管是标定记录还是噪声记录都不应有明显差异，如有明显差异，可立即拆除信号防雷器后，再进行相同的测试计算分析，如差异消失，可以初步判断是信号防雷器的原因，可以再安装上信号防雷器重复试验，如果差异再现，说明该信号防雷器对观测仪器有影响，需要进一步查明原因，或者更换信号防雷器。在安装完成并通过安装测试以后，地震观测台站通常还要进行日常仪器巡检，对台站仪器进行标定，每次的标定结果都应与原始标定结果进行比对，如发现异常，可以进一步查明原因。另外，台站整体防雷系统布设中应安装雷电计数器，通过雷电计数器记录台站遭受雷电情况，在台站日常检查中可以参考雷电计数器，发现雷电计数器记录到雷击情况时，应对台站仪器进行标定并计算台站背景噪声，进而检查台站仪器及信号防雷器工作状态。

11.5.2　检测周期问题

每年至少应在雷雨季节前、后对防雷装置进行检查和维护，当建筑物或室内设备、线路进行维修整改后必须对防雷装置进行检测和维护，以确保防雷装置的安全性能。

11.5.3　检测项目漏项问题

建筑物防雷装置检测一定要搞清雷电的入侵途径，对所有进入建筑物内的各种金属管线，要求在雷电防护区界面处进行等电位连接。这就要求在检测中认真了解，查找进出建筑物的雷电可能入侵路径。而在现实检测中往往没有完全做到，使得检测漏项。此外，如地震台站建筑物进行了改造或翻新，建筑物或机房内等增加了新的设备等，使得其不在原有的防雷装置保护范围内，一般在常规检测中也可能不被注意到。

电磁屏蔽检测。电磁屏蔽的效果直接影响地震台站内的仪器设备和台站机房电子信息系统正常运行，雷电流及相关的磁场是电子信息系统的主要危害源，所以雷电防护主要是对雷击电流产生的磁场进行屏蔽。目前大部分台站不太重视仪器设备电磁屏蔽问题，为此要按照相关规范要求对建筑物屏蔽、机房屏蔽、线路屏蔽、设备屏蔽及机房内磁场强度或屏蔽效率进行检测，以更进一步完善防雷装置检测项目。

11.5.4　等电位连接测试不规范问题

尤其是在共用接地及等电位连接方面的检测，更应充分运用综合防雷技术标准的各项规定，在防雷装置的检测中一定要考虑全面。由外到内，由上至下，由表及里综合的系统的进行检测。在检测一些系统防雷装置的等电位连接问题上，通常也存在着问题，例如，地震台站观测房内多个观测室的多种仪器设备可能存在未全面进行等电位连接，在分别检测出各处的接地电阻值时，其中个别处接地电阻值明显偏高，虽都在规范要求的范围之内，却忽略了系统各部件之间的等电位要求的问题。检测主要是通过对系统中不同装置接地电阻值的比对，来分析判断等电位连接情况，避免产生危险的电位差。出现这种情况也可能是检测操作不规范产生的误差。还有作为等电位的连接器件 SPD 的安装情况的检测也可能存在问题，主要是接地端的接地线问题容易忽视，一种是采用从总配电引入机房专用电缆中的 PE 线直接接至 SPD 接地端，另一种是将独立接地体引入线直接接至 SPD 接地端，两种方法均不符合防雷规范的要求，即在进入防护区交界面处未做等电位连接，没有充分发挥 SPD 在等电位连接中的作用。

11.5.5　接地系统检测存在的问题

防雷接地系统检测中的问题，不规范的操作会直接影响检测结果的正确性，主要表现在检测仪表摆放的位置不当，电流极、电位极与被测点的距离不符合要求。还有位置选在覆土上，位置选在地网一侧顺着地网布设测试电极，有的甚至在地网内布线安装测试电极。这样，每次测试位置变化不定，所测出的数据就没有规律，就很难判断出地网接地电阻发生的变化。另外，测试线选择加长线时（E 接线端）没有全部放开，或每次放开的程度不同均会影响测试结果，产生了测试误差。

11.5.6　检测中应注意的安全问题

防雷检测中涉及登高、带电作业等危险因素，存在安全问题，这里包括检测设备的安全及检测人员的人身安全。在防雷检测过程中检测人员如不遵守安全制度及要求或者未能按操作规程进行检测与操作，将带来严重安全隐患，甚至造成事故。例如检测低压配电系统时，没有按照规定穿戴绝缘鞋、绝缘手套等防护用具，并且经常出现监护不到位的现象。总之，防雷检测工作人员应时刻提高警惕，把安全放在第一位。

防雷装置不能单单依靠年度检测时才进行检查，应做好防雷装置的日常检查和维护，这样才能及时发现问题所在从而进行整改，真正做到防患于未然，安全才能得到保证。

附件：

地震台站防雷装置运行管理与检测维护实施细则（范例）

第一条　为了规范地震台站防雷装置运行管理，加强地震台站防雷装置检查维护工作，保障地震台站防雷装置有效运行，防止和减少地震台站仪器设备遭受雷电灾害的发生，根据《建筑物防雷装置检测技术规范》（GB/T 21431—2015）、《地震台站综合防雷》（DB/T 68—2017）的有关要求，结合地震台站实际制定本实施细则。

第二条　本实施细则适用于地震台站防雷装置的运行管理与检测维护工作。

第三条　地震台站防雷装置运行管理与检测维护工作包括年度巡检、故障检修和雷电灾害事故调查。

第四条　地震台站防雷装置管理与检测维护工作由省（市、区）地震局监测预报处（以下简称监测处）牵头，省（市、区）地震监测中心（以下简称监测中心）组织，××地震台、××地震台和××地震台按片区具体实施。各单位职责任务如下：

监测处负责组织各业务部门开展台站防雷装置管理与检测维护工作；

监测中心负责台站防雷装置管理与检测维护的组织工作；

××台负责所辖片区台站防雷装置的管理与检测维护。

第五条　监测处开展台站防雷装置管理与检测维护的工作要求

（一）负责组织监测中心、××台、××台和××台开展台站防雷装置管理与检测维护工作；

（二）负责组织开展台站防雷装置管理与检测维护的定期考评工作，并将考评结果纳入台站综合考评体系；

（三）指导开展台站防雷装置检测技能培训，支持购置检测设备。

第六条　监测中心防雷装置管理与检测维护的工作要求

（一）负责定期对片区台站运维人员开展防雷装置检测技能培训和安全教育；

（二）为片区台站提供电阻检测仪、电压检测仪等检测设备；

（三）为片区台站在开展台站防雷装置年度巡检、故障检修和雷击事故调查等方面提供技术支持；

（四）将台站防雷装置检测工作纳入台站运维考评体系，制定考评办法和评分细则，并负责完成年度考评评分，考评结果报送监测处。

第七条　各台站防雷装置的管理与检测维护工作要求

（一）将防雷装置的检测维护纳入台站日常管理工作，指定专门人员负责；

（二）台站应加强运维人员用电安全及高空操作安全教育；

（三）运维人员在检测维护前应对使用仪器设备和测量工具进行检查，保证正常使用；

（四）制定各台站防雷装置巡检流程，确定巡检时间和巡检项目等；

（五）巡检数据结果应与上次巡检记录对比，对巡检中变化大的项目应及时分析调查，并在记录表中进行说明；

（六）巡检时发现台站防雷设施不符合技术规范要求的应及时整改，整改后应及时复查校准，确保达到相关标准要求；

（七）建立台站防雷装置的检测和维护档案并存档保存。

第八条　台站防雷装置年度巡检项目

（一）避雷针（带）、入地引下线

（二）接地网、接地线节点

（三）交流配电线路

（四）电源防雷器

（五）信号防雷器

（六）雷电预警仪

（七）电磁屏蔽、等电位连接及布线

第九条　年度巡检具体内容及要求

（一）避雷针（带）、引下线

1. 检测避雷针（带）位置、引下线走线是否正确，焊接处是否饱满、刷防锈漆是否完整，避雷针（带）截面是否锈蚀 1/3 以上；

2. 检测避雷针（带）、引下线固定是否牢固可靠，弯曲、转角夹角是否大于 90°；

3. 检查接地引下线近地面部分的保护处理有无破坏的情况；

4. 每年至少一次使用接地电阻测试仪检测引下线接地电阻值是否符合规定要求；

5. 检测结果记录附表 1。

（二）接地网、接地节点

1. 检查接地网布设区域的填土有无沉陷或出现滑坡等情况；

2. 检查有无因挖土方、敷设管线、种植树木等施工操作破坏接地网；

3. 检测接地母线截面是否锈蚀超过 1/3，观察接地母线转接处的转接接触是否连接可靠，观察接地线外露金属线防锈保护是否正常，测试接地母线与接地排连接是否牢固可靠；

4. 每年使用接地电阻测试仪至少对台站进行一次接地装置节点检测（不少于 2 个）接地电阻值是否符合规定要求（小于 4Ω）；

5. 检测结果记录附表 2。

（三）交流配电线路

1. 检测台站交流配电线路端点搭接头是否采用绕接或钳压等方式接触紧密，接头处是否采用绝缘带可靠包扎；

2. 检测台站架空交流配电线路与树木树梢间距是否达到 1.5m 以上安全距离，检查电杆是否倾斜；

3. 首次巡检时，检查交流配电线路是否采用铠装电缆埋地进观测室，测量埋地长度是否大于 15m；

4. 检查交流配电线路埋地路线区域的填土有无沉陷情况；

5. 检查埋地铠装电缆两端金属铠层是否接地及其接地是否牢固；

6. 检测结果记录附表 3。

（四）电源防雷器

1. 检查电源防雷器是否有异味、打火痕迹、明显外观损坏等；

2. 检查电源防雷器的指示灯是否正常；

3. 使用雷击计数器测试仪检测台站 C 级电源防雷器的雷击计数器，校验雷电计数器工作状态，并做好测试记录；

4. 检测结果记录附表 4。

（五）信号防雷器

1. 检查信号防雷器是否有异味、打火痕迹、明显外观损坏等；

2. 检查仪器信号防雷器接口是否出现生锈氧化现象或异样；

3. 查看台站观测数据，分析台站各测项的信号防雷器对观测数据是否存在影响，并做好记录；

4. 检测结果记录附表 5。

（六）雷电预警仪

1. 检查雷电预警仪各指示灯是否正常；

2. 摩擦起电干扰传感器检查预警装置是否正常工作，包括开关是否跳开，报警结束后是否自动闭合；

3. 巡检时测试（不少于 2 次）雷电预警仪断电运行状态、并做好测试记录；

4. 通过串口读取预警装置里的雷击总数、跳闸频次数等数据，下载一年雷电预警仪运行记录日志信息，分析雨季雷电云聚集台站周边活动；检测结果记录附表 6。

（七）电磁屏蔽、等电位连接及布线

1. 观测房仪器设备的金属外壳是否与室内接地排可靠连接，是否使用线耳连接；

2. 仪器设备的测量线、传输线是否采用屏蔽电缆，屏蔽电缆的屏蔽层两端是否接地；

3. 仪器设备是否集中在金属机柜内；

4. 进出观测房的各种线缆是否套金属管埋地铺设；

5. 所有接地线是否以最短距离与共用接地系统进行连接，不带电的大型金属件、机柜、机架、金属管、槽、屏蔽线金属外层、电子设备防静电接地、安全保护接地、功能性接地、信号防雷器接地端等接地处，是否就近采用 $6mm^2$ 多股铜导线接到接地排，是否使用线耳连接；

6. 钻孔仪器独立接地，仪器金属外壳、测量线的屏蔽层与钻孔井管连接，检查仪器外壳及其屏蔽线是否与钻孔井管连接；

7. 光缆连接的所有金属接头、金属挡潮层、金属加强芯等是否在入室处直接接地；

8. 每年至少一次检查台站仪器设备电磁屏蔽、等电位连接情况，在仪器维修重新安装或仪器更新改造后应立即检查电磁屏蔽、等电位连接是否符合规定要求；

9. 检查台站内的布线情况，强弱电线路是否分开，进出是否分开，布线是否整齐规范；

10. 是否有多余已经废弃的电缆；

11. 检测结果记录附表 7。

（八）综合评价

汇总台站各项检测内容结果，综合评价结果记录附表 8。

第十条　故障检修内容与要求

（一）台站日常运行中仪器观测数据可能因观测系统故障引起变化时应拆除信号防雷器对比观测分析，确定信号防雷器故障引起观测数据变化时应对故障防雷器拆除并进行性能指标检测，通过维修或更换及时恢复防雷器正常运行，并做好维修记录；

（二）在年度巡检中发现台站防雷装置故障时应马上拆除故障设备，返厂维修后及时恢复正常运行，并做好维修记录；

第十一条 雷电灾害事故调查内容与要求

台站仪器设备遭受雷电灾害事故后，片区台站负责事故调查处置工作；对严重雷电灾害事故可申请监测中心共同开展现场调查，必要时邀请相关机构协助；片区台站调查后编写雷击灾害事故调查报告并报送到监测中心。调查内容应根据综合防雷各技术环节开展，还应对下列防雷装置性能进行现场检测：

（一）使用接地电阻测试仪检测接地母线端子、电源防雷器接地线端子、雷电故障仪器信号防雷器接地线端子和雷击故障仪器机壳接地端子的接地电阻值，并做好记录；

（二）使用防雷元件测试仪检测电源防雷器和信号防雷器的启动电压、漏电电流，并做好记录；

（三）使用直流低电阻测试仪检测信号防雷器直流电阻值，并做好记录；

第十二条 巡检检测注意事项

（一）检测维护时须注意人身安全，同时需避免影响台站正常观测；

（二）巡检时注意检查台站院内外是否由于改造、修缮建（构）筑物或者挖土方、敷设其他管（线）路或者种植树木影响防雷装置的正常使用；

（三）接地装置的接地电阻测量宜固定在同一位置，连续 7 天无雨雪后测量，采用同一型号仪器，采用同一方法、同一场地测量。

（四）使用接地电阻仪表进行接地节点电阻测量时，应按仪器操作流程要求进行测量。

第十三条 检测中防雷装置存在安全隐患或故障的，负责检测的台站应将检测结果报告给监测中心，对存在的隐患制定整改方案并实施，对故障设备尽快维修并恢复正常运行，以保障台站仪器设备安全运行。

第十四条 台站检查完成后，应及时填写各项检测记录表，并存档保存。

第十五条 省（市、区）地震局将台站防雷装置检测工作纳入台站运维考评体系，保障台站防雷装置管理和维护工作正常开展。

第十六条 台站进行改（扩）建的建设项目时，应按照第七条、第八条的规定进行全面检测，发现问题及时按照有关技术规范要求进行整改，恢复防雷装置正常运行。

第十七条 本实施细则由省（市、区）地震局监测预报处负责解释。

第十八条 本实施细则自发布之日起施行。

附（附表1—附表8）

附表1 _____ 地震台站避雷针（带）、引下线检测记录表

检测日期：_____　　天气：_____

接闪器（带）

建设日期：_____年_____月

有 □　　无 □

带状 □　　网状 □

截面是否锈蚀：无 □　　小于1/3 □　　大于1/3 □

焊接处是否饱满：是 □　　否 □

防锈漆是否完整：是 □　　否 □

引下线

建设日期：_____年_____月

有 □　　无 □

接头是否可靠：是 □　　否 □

数量：_____条

截面是否锈蚀：是 □　　否 □

接地电阻值：_____ Ω

说明：

检测员（签字）：

附表2　地震台站接地网检测记录表

天气：　　　　　检测日期：

接地网	有 □　无 □
接地类型：	水平 □　垂直 □　混合 □
建设日期：	＿＿＿年＿＿月
接地测试结果：	节点1：　阻值： 节点2：　阻值： 节点3：　阻值： 接地4：　阻值：
电阻测试仪插针位置示意图：	
地网布设区域是否沉陷	是 □　否 □
有无施工破坏接地装置	有 □　无 □
外露接地金属防锈保护	正常 □　不正常 □
接地金属截面是否锈蚀	无 □　小于1/3 □　大于1/3 □

说明：

检测员（签字）：

附表3　地震台站交流配电线路检测记录表

检测日期：

配电线路接头及绝缘处理是否牢固	是 □　否 □
架空线与树木距离是否大于安全距离	是 □　否 □
配电线路埋设填土是否沉陷	是 □　否 □
有无挖土方、种植树木施工影响埋设管线	是 □　否 □
配电线路入观测室是否埋地	是 □　否 □
配电线路埋地长度是否大于15米	是 □　否 □
是否采用屏蔽电缆	是 □　否 □
埋地进入观测室是否穿管	是 □　金属管 □　PVC管 □　否 □

说明：

检测员（签字）：

附表4　地震台站电源防雷器检测记录表

检测日期：

名称	型号	标称放电电流	编码	安装位置	安装时间	打火、异味等检查	指示灯	雷击计数

说明：

检查员（签字）：

附表 5 　　　　 地震台站信号防雷器检测记录表

检测日期：

名称	型号	标称放电电流	编码	安装位置	安装时间	打火、异味等检查	接口是否氧化生锈	是否影响数据

说明：

检查员（签字）：

附表6 _____ 地震台站雷电预警仪检测记录表

检测日期：

名称	型号	编码	安装位置	安装时间	指示灯是否正常	摩擦是否报警跳闸	雷击总数	跳闸总数

说明：

检查员（签字）：

附表7 地震台站电磁屏蔽、等电位连接检测记录表

天气： 检测日期：

电磁屏蔽、等电位连接
改造日期： ____年____月

项目	是	否	说明
电磁屏蔽接地端子接地电阻值测试：仪器设备金属外壳是否都接地。	□	□	未接地的仪器名称/型号：
仪器设备接地是否都使用6mm²多股铜芯线及线耳。	□	□	未使用6mm²多股铜芯线及线耳接地的仪器名称/型号：
接地端子接地电阻值是否都正常。	□	□	未使用屏蔽电缆的仪器名称/型号：
仪器设备测量线、传输线是否都使用屏蔽电缆。	□	□	
仪器设备屏蔽电缆单端或两端是否接地。	□	□	屏蔽电缆未接地的仪器名称/型号：
钻孔类仪器测量线传输线是否独立接地。布线情况：开开、防雷器进出线是否分开；线路走线是否规范。强弱电是否分开。	□	□	布线不规范问题说明：

说明：

检测员（签字）：

附表8 ＿＿＿＿ 地震台站防雷装置检测结果总体评价表

评价日期：

序号	评价内容	优	良	中	差	备注
1	避雷针（带）、引下线					
2	接地网					
3	交流配电线路					
4	电源防雷器					
5	信号防雷器					
6	雷电预警仪					
7	电磁屏蔽等电位连接					
8	综合评价					

说明：

评价员（签字）：

参考文献

DB/T 68—2017　地震台站综合防雷

GB/T 17949.1—2000　接地系统的土壤电阻率、接地阻抗和地面电位测量导则　第一部分：常规测量

GB 18802.1—2011　低压电涌保护器（SPD）　第1部分：低压配电系统的电涌保护器性能要求和试验方法

GB 18802.21—2016　低压电涌保护器　第21部分：电信和信号网络的电涌保护器（SPD）——性能要求和试验方法

GB 50052—2009　供配电系统设计规范

GB 50054—2011　低压配电设计规范

GB 50057—2010　建筑物防雷设计规范

GB 50169—2006　电气装置安装工程接地装置施工及验收规范

GB 50311—2007　综合布线系统工程设计规范

GB 50343—2012　建筑物电子信息系统防雷技术规范

GB 50689—2011　通信局（站）防雷与接地工程设计规范

QX 4—2015　气象台（站）防雷技术规范

车用太等，2002，地下流体数字观测技术，北京：地震出版社

陈家斌，2003，接地技术与接地装置，北京：中国电力出版社

付子忠等，2003，地震前兆数字观测公用技术与台网，北京：地震出版社

高玉芬等，2002，地震电磁数字观测技术，北京：地震出版社

梁江东等，2016，现代工程防雷技术，北京：中国电力出版社

梅卫群、江燕茹，2003，建筑防雷工程与设计，北京：气象出版社

王鸿钰等，2002，实用电源技术手册，上海：上海科学技术出版社

吴云等，2003，地壳形变观测技术，北京：地震出版社

禹禄君，2007，综合布线技术实用教程，北京：电子工业出版社

张小青，2000，建筑物内电子设备的雷电保护，北京：电子工业出版社

朱锡仁等，1997，电路与设备测试检修技术及仪器，北京：清华大学出版社